Filosofía de la ciencia: palabras clave

Maria Cristina Amoretti
Davide Serpico

Filosofía de la ciencia: palabras clave

Alianza editorial
El libro de bolsillo

Título original: *Filosofia della scienza: parole chiave*
Traducción: Miguel Paredes Larrucea

Diseño de colección: Estrada Design
Diseño de cubierta: Manuel Estrada
Fotografía de Javier Ayuso

PAPEL DE FIBRA
CERTIFICADA

© 2022 by Carocci editore Roma
© de la traducción: Miguel Paredes Larrucea, 2024
© Alianza Editorial, S. A., Madrid, 2024
    Calle Valentín Beato, 21
    28037 Madrid
    www.alianzaeditorial.es

ISBN: 978-84-1148-554-8
Depósito legal: M. 52-2024
Printed in Spain

Si quiere recibir información periódica sobre las novedades de Alianza Editorial, envíe un correo electrónico a la dirección: alianzaeditorial@anaya.es

Índice

Índice

Introducción

En la práctica científica hay muchas cuestiones de tipo conceptual que pueden beneficiarse de una «mirada filosófica» específica. De hecho, mientras que las diversas ciencias analizan el mundo cada vez más en detalle, la filosofía de la ciencia mantiene en cambio una visión de conjunto, pudiendo así centrarse en temas de carácter general, a menudo implícitos o no adecuadamente problematizados en la práctica científica.

Por ejemplo: ¿cuáles son los mejores instrumentos para recoger los datos? ¿Qué se considera evidencia? ¿Hay evidencias mejores que otras? ¿Es cierto que si se sigue repitiendo un experimento en las mismas condiciones se obtendrán siempre los mismos resultados? ¿Hasta qué punto se pueden generalizar los resultados de un determinado experimento? Los conceptos utilizados por las diversas ciencias (por ejemplo, conciencia, inteligencia, especie o enfermedad) ¿están definidos con suficiente claridad? ¿La estructura social de la empresa científica puede tener repercusiones para los resultados de la ciencia? ¿Hasta qué punto la empresa científica está influida por consideraciones éticas, políticas o religiosas? ¿Cuáles son las consecuencias sociales de ciertos descubrimientos científicos? ¿Cuál es el origen histórico de ciertas áreas de investigación y cómo puede influir este origen en los métodos y resultados del trabajo científico?

Aunque la filosofía de la ciencia es un campo tan heterogéneo como la ciencia misma, generalmente se considera que una deficiente comprensión de ciertas cuestiones puede impedir el progreso de la ciencia y tener consecuencias negativas para la sociedad en su conjunto. La posibilidad misma de detectar la presencia de estas cuestiones dista mucho de ser obvia, ya que requiere herramientas conceptuales y conocimientos que nos permitan comparar y conectar diferentes áreas de investigación, así como comprender sus dimensiones históricas y sociales. La filosófica y la científica son por tanto dos perspectivas complementarias e igualmente necesarias.

El volumen está organizado en torno a una veintena de palabras o conceptos clave de la filosofía de la ciencia, de manera que permite una lectura independiente de los distintos capítulos, al tiempo que proporciona múltiples referencias cruzadas entre ellos. El enfoque temático por el que hemos optado necesariamente deja en segundo plano la evolución histórica de la filosofía de la ciencia, pero creemos que puede ser útil para comprender cuáles son los principales temas que caracterizan el debate epistemológico contemporáneo. Sin embargo, existen en castellano[1] algunas introducciones completas a la filosofía de la ciencia, a las que remitimos al lector que desee profundizar en este campo (Losee, 1972; Okasha, 2002; Geymonat, 2006; Mosterín, 2010; Hull, 2011; Suárez, 2019; Hempel, 2021).

Queremos dar las gracias a Francesco Bianchini, Andrea Borghini, Elena Casetta, Clara Fossati, Marcello Frixione, Samuele Iaquinto, Paolo Labinaz, Elisabetta Lalumera, Matteo Morganti y Daniele Porello por la lectura y comentario de anteriores versiones del libro y por sus útiles y valiosas sugerencias. Se sobreentiende que cualquier error o deficiencia es de nuestra entera responsabilidad. Gracias también a Marta Paparella de Omnibook por el fundamental trabajo editorial. Finalmente, un agradecimiento particularmente sincero a Gianluca Mori por haber creído desde el principio en este trabajo.

---

1. Nos hemos permitido sustituir la bibliografía en italiano del original por una bibliografía en español. *[N. del T.]*

1. Ciencia y pseudociencia

Todos tenemos una idea general de lo que es la ciencia, o al menos creemos poder distinguir entre disciplinas científicas y no científicas. Intuitivamente pueden contarse entre las ciencias disciplinas como la física, la química, la biología, las neurociencias, la psicología y la sociología, mientras que quedan excluidas el arte, la literatura y la religión. Más complicado resulta, sin embargo, trazar una línea de demarcación entre ciencias y pseudociencias, es decir, disciplinas o teorías que se presentan como científicas, pero que en realidad, por las razones que trataremos de explicar, no lo son. Veamos algunos ejemplos.

La astrología es un conjunto complejo de hipótesis y suposiciones según las cuales la posición y el movimiento de los astros con respecto a la Tierra influyen no solo en la vida y la personalidad de los individuos, sino también en los acontecimientos humanos colectivos. Basándose en el influjo de los astros, los astrólogos y astrólogas pretenden predecir eventos futuros o explicar los comportamientos y actitudes de las personas. Al tener como finalidad la predicción y explicación de acontecimientos individuales y colectivos, la astrología comparte algunas características típicas de ciencias como la psicología o la sociología. Por otro lado, las predicciones astrológicas tienden a verse confirmadas solo cuando son suficientemente genéricas y vagas, es decir, cuando pueden dar fácilmente cuenta de una amplia gama de eventos diferentes.

La homeopatía es una práctica basada en los principios formulados por Samuel Hahnemann (1755-1843) en la primera mitad del siglo XIX. Entre estos principios se encuentra el de «similitud del fármaco», según el cual una determinada enfermedad puede ser curada por la sustancia que induce síntomas similares. Sin embargo, para ser terapéutica, esta sustancia debe administrarse en cantidades muy diluidas (hasta el punto de que en la dilución la molécula inicial ya no es detectable con los instrumentos de la química), pero «dinamizada» apropiadamente a través de un procedimiento llamado «sucusión», que consiste en una o más series de cien sacudidas verticales. Aunque la homeopatía tiene varias características que podrían atribuirse a una disciplina científica, existe mucho desacuerdo sobre su cientificidad, ya que no existen estudios reconocidos capaces de demostrar la superioridad de los remedios homeopáticos sobre el efecto placebo ni de explicar sus mecanismos. Entre otras cosas, no ha sido posible replicar el primer estudio científico que, aparecido con reservas en la revista *Nature* en 1988, afirmaba haber demostrado que una solución de antisuero convenientemente diluida y dinamizada era biológicamente activa.

El llamado «creacionismo científico» parte de la premisa de que algunos órganos –como el ojo humano o el flagelo de la bacteria– se caracterizan por una «complejidad irreductible», ya que están formados por una serie de elementos estrechamente conectados entre sí. Dado que son estos órganos los que supondrían una ventaja para el organismo, y no sus componentes individuales (que por sí solos no son «funcionales»), estos últimos no podrían haber sido retenidos por la selección natural. Pero en ese caso los órganos en cuestión no podrían haberse formado por selección natural en ausencia de algún *diseño* y, en consecuencia, de algún *diseñador,* a saber, Dios. En los Estados Unidos, los partidarios y simpatizantes del creacionismo científico cuestionan la teoría evolucionista y piden incluir el creacionismo dentro de los currículos escolares como su legítima alternativa.

Estos tres ejemplos se consideran generalmente casos de pseudociencia. Pero ¿cuáles son exactamente las razones que nos permiten considerarlos como tales? Para responder a esta pregunta podemos tratar de definir qué es la ciencia buscando algunos rasgos esenciales de sus diversas disciplinas, es decir, algunas características que sean necesarias y suficientes para identificar todas las ciencias y solamente ellas. De ese modo se podrá identificar una pseudociencia por la falta de una o más de esas características.

Por ejemplo, se podría caracterizar la ciencia como una empresa sistemática que tiene como objetivo conocer el mundo que nos rodea, explicando y prediciendo sus fenómenos. Pero otras disciplinas que no consideraríamos científicas pueden también tener entre sus objetivos el de conocer el mundo o explicar sistemáticamente algunos de sus aspectos (como ocurre en los tres casos mencionados anteriormente). Cabe entonces concebir la ciencia como un conjunto de leyes y teorías, o al menos de modelos explicativos de los diversos fenómenos (cfr. capítulos 4 y 5). Ahora bien, por un lado, la existencia de verdaderas leyes en ciencias como la biología o la psicología es como poco discutible (cfr. capítulo 16), y por otro, incluso disciplinas no científicas pueden caracterizarse por teorías y modelos explicativos, como ocurre en los ejemplos mencionados anteriormente. La ciencia podría describirse también como un intento de aplicar métodos particulares al estudio del mundo. Pero ¿qué métodos? Tratar de referirse al método experimental sería inútil, ya que no es compartido por ciencias como la etnografía o la historia. Finalmente, se podría intentar definir la ciencia como el conjunto de conocimientos compartidos por la comunidad científica; pero entonces sería una definición circular y por tanto de poca utilidad.

Sin buscar una definición explícita de ciencia, muchos filósofos y filósofas intentan sin embargo establecer criterios de demarcación lo más precisos y rigurosos posible entre ciencia y pseudociencia. Según el empirismo lógico, por ejemplo, los enunciados de las diversas ciencias son los únicos que tienen un significado «cognitivo» (en contraposición a significado «emocional») y, por lo tanto, los únicos que son verdaderamente significativos. En efecto, según el llamado «principio de verificación» el significado de un enunciado consiste en su método de verificación empírica (Schlick, 1936). Este principio, sin embargo, se configura no tanto como un criterio de demarcación sino más bien como un criterio más general de significación, ya que establece que solo los enunciados de contenido empírico (enunciados sintéticos, como «Pablo es soltero») o lógico (enunciados analíticos, como «los solteros son hombres adultos no casados» o «Pablo es soltero o no es soltero») están dotados de significado efectivo. Karl R. Popper (1902-1994) argumenta en cambio que lo que diferencia a la ciencia de la pseudociencia es el hecho de formular hipótesis y teorías que son falsables (Popper, 1962), es decir, abiertas a la posibilidad de descubrir que son falsas porque *no* son compatibles con la experiencia. Específicamente, una teoría es falsable, y por lo tanto científica, si hace predicciones que pueden contrastarse con la experiencia y eventualmente ser refutadas. Con arreglo a este criterio es posible clasificar como pseudocientíficos los tres casos descritos anteriormente. La astrología, por ejemplo, formula predicciones compatibles con cualquier experiencia y por tanto no falsables, al menos en principio. Las explicaciones astrológicas son además suficientemente flexibles como para resistir frente a múltiples contraejemplos: si una predicción no se cumple, bastaría con argüir que no se está ante una ciencia exacta o que algunos hechos son simplemente más probables que otros.

Aunque el criterio de demarcación popperiano es intuitivamente plausible, se ha señalado que es demasiado simplista y restrictivo: muchas hipótesis y teorías científicas genuinas deberían entonces ser excluidas del ámbito de las ciencias, ya que chocan con al menos alguna evidencia observacional.

Aunque se han propuesto muchos criterios de demarcación, ninguno de ellos está completamente exento de contraejemplos (Laudan, 1983). En efecto, por lo dicho sobre la definición de ciencia, parece difícil encontrar alguna característica necesaria y suficiente que sea común a todas las disciplinas o teorías científicas y solamente a ellas. Buscar la «esencia» de la ciencia subestima el hecho de que nos hallamos ante numerosas disciplinas heterogéneas que, además de presentar intersecciones continuas y puntos de contacto precisos, exhiben también contenidos, problemas y métodos diversos y específicos.

Siguiendo a Ludwig Wittgenstein (1953), se puede argumentar por tanto que para el concepto de «ciencia» –como ocurre con muchos otros conceptos, por ejemplo, el de «juicio»– no es posible formular definiciones en términos de condiciones necesarias y suficientes, sino que es más bien necesario establecer una red de «parecidos de familia». Consideremos los miembros de una familia: es claro que no todos comparten las mismas características (no todos tienen la misma nariz, ni los mismos ojos, ni el mismo color de cabello, etc.), pero compartirán una red de parecidos que permite circunscribir a la familia en cuestión.

En el caso de la ciencia cabe hacer un razonamiento similar: aunque las diversas ciencias no comparten todas ellas las mismas características, sin embargo están unidas por una red de semejanzas que permite reconocerlas como tales y diferenciarlas de lo que no es ciencia. Por ejemplo, las siguientes características son comunes a muchas ciencias, aunque ningún subconjunto de ellas es necesario o suficiente para definir la ciencia: sistematicidad, capacidad de explicar y predecir los fenómenos, presencia de generalizaciones legiformes y teorías, uso del método experimental, repetibilidad de los experimentos, revisabilidad de los resultados, intersubjetividad, actitud crítica, control entre pares.

De la misma manera se puede intentar calificar la pseudociencia. Bradley Monton (2013), por ejemplo, señala las siguientes propiedades: tendencia a invocar hipótesis *ad hoc* (es decir, hipótesis que tienen el único propósito de explicar un hecho contrario) o a descuidar observaciones y experimentos para evitar la falsación, traslado de la carga de la prueba a los escépticos, no repetibilidad de los experimentos, confianza en la autoridad o en pruebas anecdóticas, rechazo de la revisión por pares, falta de conexión con el conocimiento científico existente, uso de una jerga «impresionante». Pero incluso en este caso, ninguna propiedad ni la suma de ellas es necesaria o suficiente para definir la pseudociencia.

2. Unidad de la ciencia

Si tratamos de hacer una clasificación de las diversas ciencias se da uno inmediatamente cuenta de que la cuestión no es nada sencilla. Intuitivamente hay una clara diferencia entre la física elemental, que investiga los niveles fundamentales de la realidad, y la sociología, que investiga los grupos de seres humanos; sin embargo, no es trivial hacer explícita la diferencia. De entrada, podría ser útil hacer una primera clasificación basándose en la separación entre las distintas facultades universitarias. Por un lado, disciplinas como la física, la astronomía, la química, la geología, la biología, las neurociencias, la ecología, la informática o las matemáticas, que se estudian en las facultades científicas; por otro, disciplinas como la política, la economía, el derecho, la lingüística, la antropología, la psicología, la pedagogía, la sociología, que se estudian en las facultades sociopolíticas; y la filosofía, la literatura, la historia y la crítica del arte y de la música, que se estudian en las facultades de humanidades. Sin embargo, se trata de distinciones dictadas principalmente por la tradición. De hecho, las matemáticas y la informática no pueden considerarse ciencias naturales: mientras que las primeras son una ciencia formal, la segunda parece configurarse mejor como una ciencia aplicada. La antropología también podría considerarse una ciencia humana o natural, y la historia una ciencia social. ¿Qué decir de disciplinas como la medicina o la psiquiatría? ¿O la arquitectura y la ingeniería? Aunque a menudo se las considera ciencias aplicadas, el debate sigue abierto.

En general, la clasificación de las disciplinas científicas depende de muchos factores, entre ellos consideraciones históricas, sociológicas y metodológicas. Por ejemplo, puede depender del momento o de las circunstancias en que se originó la disciplina, de cómo esté considerada dentro de una sociedad o en el contexto universitario, o bien de las metodologías adoptadas (cualitativas, como la entrevista en sociología, o cuantitativas, como el análisis estadístico en biología). Sin embargo, en muchos casos no es posible establecer distinciones claras entre las diversas disciplinas científicas. Por lo tanto, debemos preguntarnos si llegar a algún tipo de clasificación es realmente un objetivo interesante.

Según algunos filósofos y filósofas, sería necesario subdividir las disciplinas científicas en al menos dos grandes macrocategorías, las ciencias naturales por un lado y las ciencias histórico-sociales por otro, por considerar que hay diferencias sustanciales entre ellas. Las ciencias naturales investigarían objetos físicos, las ciencias históricas y sociales, agentes intencionales; las primeras adoptarían un enfoque cuantitativo y nomotético (es decir, basado en leyes de alcance general), las segundas, un enfoque cualitativo e ideográfico (es decir, basado en las singularidades); las primeras intentarían explicar y predecir los fenómenos, las segundas, interpretarlos. En la dirección de contraponer las ciencias naturales a las histórico-sociales se han alineado filósofos como Wilhelm Dilthey (1833-1911), Wilhelm Windelband (1848-1915) y Max Weber (1864-1929); en la misma línea se mueve también una corriente filosófica como la hermenéutica. En tiempos relativamente recientes, la distinción entre estas dos macrocategorías fue retomada por un influyente ensayo de Charles P. Snow (1959), en el que el autor habla de dos «culturas», la humanista y la científica, que serían incapaces de comunicarse entre sí de manera fructífera, con el riesgo de socavar la posibilidad de resolver problemas globales que requieren una colaboración más abierta. Aunque, como admite el propio Snow, esta lectura simplifica mucho la realidad de los hechos, sin embargo capta una fractura difícil de negar.

Por otro lado, hay quienes han rechazado la idea de cualquier fractura entre las ciencias naturales y las histórico-sociales y, más en general, entre las diversas ciencias, alegando que las diferencias son solo superficiales. En último término, según ellos, todas las ciencias podrían –en un sentido aún por especificar– ser unificables. Se trata de una idea de raíces lejanas, pero que se ha visto apoyada sobre todo a mediados del siglo XX por el neopositivismo o empirismo lógico. Repasemos brevemente la historia.

Ya los filósofos griegos propusieron numerosas representaciones del mundo en términos de unos pocos y simples constituyentes fundamentales: el agua de Tales, la sustancia estática de Parménides, el flujo del devenir de Heráclito, los cuatro elementos de Empédocles, los átomos de Demócrito, los números de Pitágoras, las formas de Platón o las categorías de Aristóteles. Dando un gran salto en el tiempo, durante la revolución científica del siglo XVII, filósofos naturales como Francis Bacon (1561-1626), Galileo Galilei (1564-1642) e Isaac Newton (1642-1726) defendieron la unidad de la ciencia a través de la definición de un único método privilegiado (el inductivo), así como de conceptos y leyes comunes. La fe en la unidad de la ciencia, junto con la universalidad de la razón humana, caracteriza también la Ilustración europea, de la que es expresión el enciclopedismo de Denis Diderot (1713-1784) y Jean-Baptiste Le Rond d'Alembert (1717-1783), editores de la *Encyclopédie, ou dictionnaire raisonné des sciences, des arts et des métiers* (1751-72). También para Auguste Comte (1798-1857), padre del positivismo y fundador de la sociología, todas las ciencias comparten el mismo método, independientemente de su objeto de estudio (objetos inanimados, animales no humanos, seres humanos y sus acciones); la diferencia radicaría únicamente en el diferente grado de madurez alcanzado (las ciencias naturales, en su opinión, habrían alcanzado un mayor nivel de madurez que las histórico-sociales). Como ya se ha dicho, en el siglo XX el ideal de la unidad de la ciencia fue explícitamente abrazado por el empirismo lógico. Mientras que Rudolf Carnap (1891-1970), por ejemplo, persigue la unidad de la ciencia a través de un modelo piramidal en el que las ciencias podrían estar idealmente dispuestas en diferentes «niveles», desde el «más alto» (sociología, psicología...) hasta el «más bajo» (...biología, química, física) con la física como ciencia fundamental (Carnap, 1928), Otto Neurath (1882-1945) busca en cambio la unidad a través de un modelo enciclopédico (Neurath, 1931).

Cuando se habla de la unidad de la ciencia, se puede estar haciendo referencia a cosas diferentes, según los elementos que se quiera unificar: se puede pensar en unificar diferentes disciplinas científicas (por ejemplo, la biología y la química o la química y la física), o bien la teorías o modelos que distinguen a esas disciplinas (por ejemplo, la termodinámica y la mecánica estadística), o incluso los objetos de los que hablan las diversas disciplinas (por ejemplo, la célula y las moléculas que la componen). Obviamente, las diferentes formas en que se puede entender la unidad de la ciencia no son mutuamente excluyentes; tanto es así que a menudo se persiguen en su totalidad. Sin embargo, es necesario precisar que la unidad de la ciencia se puede declinar tanto en sentido ontológico como en sentido epistemológico. Pero ¿qué se entiende por ontología y epistemología?

«Ontología» se refiere a la investigación de lo existente, de lo que constituye el mobiliario de nuestro mundo. En ese contexto, cabe preguntarse por la existencia de objetos particulares; por ejemplo, las partículas subatómicas, las especies animales, las enfermedades ¿existen o son simplemente etiquetas útiles con fines explicativos y predictivos? Por «epistemología» entendemos en cambio la investigación acerca de la naturaleza, posibilidad y alcance de nuestro conocimiento. ¿Qué es el *conocimiento?* ¿Cómo llegamos a conocer el mundo? ¿Es posible conocer el mundo o hay límites a nuestro alcance cognoscitivo? Perseguir la unidad de la ciencia en sentido epistemológico significa centrarse en aspectos relacionados con el conocimiento, como la explicación: ¿es posible explicar disciplinas, teorías y modelos de un nivel «superior» a partir de disciplinas, teorías y modelos de nivel «inferior»? Por otro lado, perseguir la unidad de la ciencia en sentido ontológico significa centrarse en los objetos del discurso de las diversas teorías: ¿es posible caracterizar los objetos de un nivel «superior» a partir de los objetos de un nivel «inferior»?

Una de las defensas más famosas y debatidas de la unidad de la ciencia la protagonizaron Paul Oppenheim (1885-1977) e Hilary Putnam (1926-2016), para quienes la unidad de la ciencia puede lograrse, tanto en el plano ontológico como en el epistemológico, a través de un modelo basado en la relación parte-todo entre los objetos de los que hablan las diversas disciplinas. Oppenheim y Putnam (1958) identifican seis niveles en particular, sobre la base de lo que son los principales universos del discurso de las diversas ciencias, desde el «más alto» hasta el «más bajo»: grupos sociales, seres vivos pluricelulares, células, moléculas, átomos, partículas elementales. La idea es que los objetos que caracterizan el nivel «más alto» están formados por los objetos que caracterizan el nivel inmediatamente «inferior», y así sucesivamente, hasta llegar al nivel fundamental: los grupos sociales están formados por individuos, es decir, seres vivos pluricelulares, que a su vez se componen de células, que a su vez se componen de moléculas, que se componen de átomos que en última instancia se componen de partículas elementales. Las diversas ciencias, así como las teorías científicas que las caracterizan, se pueden por tanto ordenar a partir de estos universos de discurso (Tabla 1).

Tabla 1. Los seis niveles identificados por Oppenheim y Putnam (1958)

Universos de discurso	Disciplina científica
6. Grupos sociales	Economía, sociología, ...
5. Seres vivos pluricelulares	Biología, psicología, ...
4. Células	Citología...
3. Moléculas	Química...
2. Átomos	Física
1. Partículas elementales	Mecánica cuántica

En resumen, las diversas disciplinas científicas (y las teorías que las caracterizan) podrían ordenarse una encima de otra, un poco como las capas de una tarta, hasta llegar a la mecánica cuántica, disciplina considerada fundamental y omnicomprensiva, capaz de dar cuenta de todas las demás ciencias, al menos en principio.

Ordenar las diferentes disciplinas científicas según una jerarquía de niveles puede ser particularmente útil para definir cuáles podrían ser las distintas unificaciones. Si de hecho parece plausible llegar directamente a unificar las teorías de la química con las de la física, mucho más difícil parece poder unificar directamente las teorías de la sociología con las de la física. Pero el discurso podría ser diferente si considerásemos disciplinas más cercanas a la sociología y realizamos sucesivas unificaciones, nivel por nivel. La unidad ontológica se buscaría por tanto a través de la unidad compositiva (parte-todo) de los objetos de discurso de las diversas disciplinas, mientras que la unidad epistemológica se buscaría a través de la unidad disciplinaria y teórica, desde el momento en que las disciplinas y teorías de nivel «superior» se explicarían sobre la base de las disciplinas y teorías de nivel «inferior».

Según Oppenheim y Putnam, la unidad de la ciencia no es solo un ideal regulativo al que debería tender la ciencia (hipótesis metacientífica), sino también una tendencia real y penetrante que efectivamente estaría teniendo lugar dentro de la ciencia de su tiempo. A ese respecto, cabe recordar que Oppenheim y Putnam escriben en la década de 1950, en un momento histórico en el que nuevos e increíbles descubrimientos científicos dentro de la física podían justificar fácilmente tales afirmaciones. Sin embargo, semejante idea de la unidad de la ciencia se considera hoy en día difícilmente realizable en la práctica e inalcanzable en principio (cfr. capítulo 5).

3. Reduccionismo y antirreduccionismo

Las nociones de reduccionismo y antirreduccionismo son centrales en la filosofía de la ciencia contemporánea, sobre todo si nos centramos en algunos ámbitos específicos, como por ejemplo la filosofía de la biología o de la psiquiatría. En general, el reduccionismo pretende demostrar que los objetos, propiedades, conceptos o teorías de una determinada disciplina pueden deducirse o explicarse a partir de los objetos, propiedades, conceptos o teorías de otra disciplina. La relación de reducción ocurre típicamente entre diferentes «niveles» de organización o explicación, algunos de los cuales se consideran más básicos que otros. Por ejemplo, a menudo se considera que la sociología está en un nivel «más alto» que la biología molecular, ya que entre los objetos del discurso de las dos disciplinas existe la relación compositiva *moléculas < células < organismos < sociedad*. Por el contrario, la física de partículas generalmente se coloca en un nivel «más bajo» que la biología molecular, debido a la relación compositiva *partículas subatómicas < átomos < moléculas*. Este enfoque fue defendido por Oppenheim y Putnam (1958), para quienes los niveles «más bajos» tendrían una prioridad ontológica y epistemológica sobre los «más altos»: precisamente sobre esta base, en su opinión, sería posible fundamentar la unidad de la ciencia (cfr. capítulo 2).

La distinción entre ontología (la investigación sobre la existencia de objetos particulares) y epistemología (la investigación sobre la naturaleza del conocimiento y la posibilidad de conocer objetos particulares) puede ser útil para definir una primera clasificación entre reduccionismo ontológico y epistemológico. Veamos por tanto estas posiciones con más detalle.

El *reduccionismo ontológico* se refiere a los objetos de los que hablan las diversas ciencias y afirma que los objetos del discurso de las ciencias de nivel «más alto» pueden reducirse a los objetos del discurso de las ciencias de nivel «más bajo». Este tipo de reduccionismo, que atañe a las entidades que componen el mobiliario del mundo, puede articularse de diferentes formas.

Oppenheim y Putnam (1958), por ejemplo, caracterizan la reducción ontológica en términos de *composición,* es decir, de una relación partes-todo. En este sentido, los dos autores hablan de «microrreducción» entre dos disciplinas cuando los objetos del universo discursivo de una disciplina de nivel «superior» son *todos* que pueden descomponerse en *partes* pertenecientes al universo discursivo de una disciplina de nivel «inferior». Por ejemplo, los organismos pluricelulares pueden considerarse como todos que se pueden descomponer en partes que son los órganos, que a su vez son todos descomponibles en partes que son las células, que a su vez son todos descomponibles en partes que son las moléculas, que a su vez son todos que se pueden descomponer en partes que son los átomos, hasta llegar a las partículas elementales, que se encuentran en el nivel más fundamental de la realidad. De esta forma, realizando una serie de descomposiciones, los organismos pluricelulares pueden –en principio– reducirse a las partículas elementales.

Sin embargo, en relación con ciencias como la psicología, las neurociencias y la psiquiatría, el reduccionismo ontológico se ha formulado generalmente no en términos de composición, sino más bien de identidad numérica (o estricta), según la cual x es estrictamente idéntico a y si y solo si x e y son una y la misma cosa. Por ejemplo, decir que un rayo es idéntico a la descarga de energía que se genera en el choque entre dos nubes es decir que son una misma cosa (aunque se trata de dos conceptos distintos). La identidad numérica es distinta de la identidad simple, según la cual x es idéntico a y si y solo x e y son miembros de la misma clase, es decir, son similares con respecto a ciertos aspectos relevantes. Por ejemplo, decir que dos gemelos homocigóticos son idénticos significa que hay dos individuos distintos que se parecen en muchísimos aspectos (desde características «profundas» como el genotipo hasta aspectos más superficiales, como la nariz, los ojos o la complexión).

Análogamente, dentro de la filosofía de la psiquiatría, algunos autores, entre ellos Dominic Murphy (2006), han planteado la hipótesis de que los trastornos mentales (en el nivel «más alto» de la psiquiatría) son estrictamente idénticos a disfunciones cerebrales (en el nivel «más bajo» de las neurociencias). Esto quiere decir que habría una y solo una cosa (las disfunciones cerebrales), aunque dos conceptos distintos (trastornos mentales y disfunciones cerebrales). Esta posición es reduccionista desde el punto de vista ontológico precisamente por el hecho de que, según Murphy, los trastornos mentales no son más que disfunciones cerebrales específicas.

Contra este enfoque reduccionista, varios autores y autoras han replicado haciendo referencia a la noción de *realizabilidad múltiple* (Putnam, 1967), según la cual un mismo trastorno mental (por ejemplo, la esquizofrenia) puede ser realizado por tipos de estados físicos diferentes (es decir, de diferentes tipologías de disfunciones, no necesariamente a nivel cerebral). En este caso, al no existir la correlación biunívoca necesaria para hablar de una identidad estricta, estaríamos ante una forma de antirreduccionismo. Aunque el concepto de realizabilidad múltiple se ha desarrollado en el campo de las ciencias de la mente, obviamente cabe extenderlo a cualquier ciencia de nivel «más alto» en relación con otra de nivel «inferior».

En cuanto al *reduccionismo epistemológico,* se trata de una posición que se refiere en cambio a unidades epistémicas, como las teorías, los modelos, las leyes y los conceptos, es decir, a las herramientas con las que representamos y conocemos el mundo natural y social. Es por tanto una tesis sobre nuestra capacidad cognitiva y explicativa del mundo, es decir, nuestras posibilidades epistémicas.

En esta dirección, Ernest Nagel (1901-1985) formuló el reduccionismo epistemológico en términos de un reduccionismo teórico, es decir, un reduccionismo sobre teorías científicas enteras (Nagel, 1951). En términos muy generales, reducir una teoría $T2$ o un conjunto de leyes experimentales establecidas en un área de investigación de nivel «superior» (como la sociológica) a una teoría $T1$ o a un conjunto de leyes experimentales formuladas para un área de investigación de nivel «inferior» (como el biológico), significa explicar la teoría $T2$ en términos de la teoría $T1$. Por ejemplo, se trataría de intentar explicar fenómenos sociales como el altruismo o la infidelidad en términos de alguna característica biológica (cerebral o genética) de los seres humanos.

Pero ¿cómo es posible obtener una explicación de $T2$ en términos de $T1$? Para responder a esta pregunta es necesario aclarar antes que Nagel defiende una concepción sintáctico-formal de las teorías científicas (como la adoptada por los empiristas lógicos), según la cual las teorías científicas son conjuntos de enunciados, entre ellos también las leyes científicas, expresados en un lenguaje formal (cfr. capítulo 4). Dicho esto, la reducción de una teoría de un nivel «superior» a otra de nivel «inferior» se configura en términos de una derivación lógica de una teoría a partir de la otra. Dicho de manera más precisa, una teoría $T2$ de nivel «superior» puede reducirse a una teoría $T1$ de nivel «inferior» cuando:

- pueden formularse reglas de correspondencia (*bridge laws*) que conectan los términos más importantes de $T2$ con los términos de $T1$ (*connectability,* conectividad);

- las leyes fundamentales de *T2,* o más bien sus traducciones al vocabulario de *T1,* pueden derivarse lógicamente de las leyes de *T1* (*derivability,* derivabilidad).

Se trata de un reduccionismo lógico, en el sentido de que *T2* es consecuencia lógica de *T1.* Sin embargo, cabe señalar que la reducción de una teoría de nivel «superior» a una teoría de nivel «inferior» no implica la eliminación de la primera. Admitamos, por ejemplo, haber reducido la termodinámica a la mecánica estadística; eso no significa deber o querer eliminar la termodinámica, sino más bien poder entender cuándo es oportuno referirse a ella en virtud del hecho de que entendemos cómo la termodinámica está relacionada con la mecánica estadística, que es la teoría fundamental. Actualmente, el tipo de reducción teórica propuesta por Nagel merece generalmente un juicio crítico: no solo se considera problemática la concepción sintáctico-formal de las teorías científicas (cfr. capítulo 4), sino que también es dudosa la presencia de verdaderas leyes propiamente dichas en muchas disciplinas científicas (cfr. capítulo 16).

El reduccionismo de Oppenheim y Putnam (1958) también puede expresarse, como ya hemos visto, en un sentido epistemológico, desde el momento en que las disciplinas que están en un nivel «superior» pueden reducirse a las del nivel inmediatamente inferior, hasta llegar a la mecánica cuántica, conduciendo así a una unificación de tipo explicativo (cfr. capítulo 15). Se puede hablar por tanto de reduccionismo internivel en una especie de imagen de la ciencia en forma de «tarta de capas» (*layer-cake model*).

Luego hay formas más «moderadas» de reduccionismo que se contentan con reducir aspectos específicos de una disciplina o una teoría de nivel «superior» a aspectos específicos de otra disciplina o teoría de nivel «inferior». En esta dirección, por ejemplo, se mueve el llamado reduccionismo «parcheado» *(patchy reductionism),* una forma de reduccionismo explicativo defendida por Kenneth Schaffner (2013), según la cual al considerar disciplinas como la psicología o la psiquiatría no podemos aspirar a un enfoque teórico o internivel como los propuestos anteriormente, sino que hay que ir más bien a un reduccionismo parcial, fragmentario, multinivel, dirigido a integrar diferentes mecanismos en diferentes niveles. Se trata de una posición reduccionista mucho más débil, ya que no apunta a la reducción de teorías o disciplinas enteras (por ejemplo, la psiquiatría a la biología), sino solo a la reducción de conceptos aislados o elementos específicos (por ejemplo, el concepto de trastorno mental al concepto de trastorno cerebral, o síntomas o constructos individuales, como la alucinación o la atención).

John Dupré (1993) y Nancy Cartwright (1999) han defendido en cambio la idea de la «desunidad» *(disunity)* de la ciencia, argumentando que no es posible encontrar leyes omnicomprensivas ni considerar una sola disciplina científica como fundamental. Según ellos, las distintas disciplinas científicas deben ser consideradas, por el contrario, como autónomas, ya que investigan la realidad en diferentes niveles, con diferentes métodos y objetivos (cfr. capítulo 17).

4. Teoría y observación

Cuando se habla de ciencia es difícil no referirse a alguna *teoría*. Basta pensar, por ejemplo, en la teoría heliocéntrica, la de la relatividad y la de cuerdas en física, la teoría cromosómica de la herencia y la de la evolución en biología, la teoría del apego y la modular de la mente en psicología, la teoría de la inflación esperada y la teoría de juegos en economía. La lista podría continuarse sin ninguna dificultad. Aunque, por un lado, creemos saber qué son las teorías científicas, en el sentido de que somos capaces de reconocer y mencionar muchas de ellas, por otro no es nada obvio ofrecer una definición rigurosa. De entrada, podemos considerar la proporcionada por la *Enciclopedia Treccani,* según la cual una teoría científica es una «formulación lógicamente coherente (en términos de conceptos y entidades más o menos abstractas) de un conjunto de definiciones, principios y leyes generales que permite describir, interpretar, clasificar y explicar, en varios niveles de generalidad, aspectos de la realidad natural y social y de las diversas formas de la actividad humana».

Comprender qué es una teoría científica es importante, ya que muchas cuestiones relevantes para la filosofía de la ciencia se centran precisamente en ese concepto: ya vimos que el ideal de la unidad de la ciencia (cfr. capítulo 2) y el reduccionismo (cfr. capítulo 3) pueden articularse en términos de teorías, y luego veremos cómo el realismo (cfr. capítulo 13) y el cambio científico (cfr. capítulo 19) no pueden dejar de referirse a este concepto. Sin embargo, el interés filosófico por la naturaleza y estructura de las teorías científicas es relativamente reciente, pues se remonta a la primera mitad del siglo XX, y se debe al empirismo lógico, cuya conceptualización de la teoría científica aún se considera la «concepción estándar» *(standard view)*. Analicemos, pues, esta posición.

De acuerdo con el empirismo lógico, una teoría científica puede idealmente reconstruirse en términos de un sistema formal, como los desarrollados en lógica. Para ser más precisos, una teoría científica se caracterizaría por los siguientes elementos:

- un aparato lógico-lingüístico que incluye: (i) un lenguaje, compuesto por términos lógicos (conectivas y cuantificadores) y no lógicos, a su vez subdivididos en términos teóricos («átomo», «electrón», «onda electromagnética», «proteína», «proletariado»...) y observacionales («duro», «azul», «30», «línea espectral»...); (ii) un conjunto de reglas que permiten «construir» los enunciados de la teoría a partir de los términos (de manera similar a lo que sucede con las reglas sintácticas en el lenguaje natural);

- un conjunto de axiomas, o postulados teóricos, es decir, enunciados formados únicamente por términos teóricos y lógicos, y no observacionales (por ejemplo, «El electrón tiene carga negativa»); los axiomas representan el núcleo de la teoría;

- un conjunto de reglas de correspondencia, es decir, de enunciados que comprenden no solo términos teóricos y lógicos sino también términos observacionales; conectando los términos teóricos con los observacionales, las reglas de correspondencia asignan contenido empírico a los diversos elementos del aparato lógico-lingüístico (por ejemplo, «Una línea espectral es el indicio de la emisión de una onda electromagnética por un electrón»).

Si para los términos observacionales se puede proporcionar directamente una interpretación empírica, para los términos teóricos esta interpretación es en cambio indirecta, siendo solo posible gracias a las reglas de correspondencia. Cuando se selecciona el dominio específico de objetos a los que aplicar las reglas de correspondencia, la teoría se dice *interpretada;* esta interpretación hace que los enunciados teóricos de la teoría sean *verdaderos* para los objetos seleccionados.

Por ejemplo, la mecánica clásica es una teoría que describe el movimiento y la interacción de diferentes sistemas físicos de nuestro universo a diferentes escalas, desde las moléculas de un gas hasta los cuerpos celestes. Al seleccionar los cuerpos celestes como dominio de objetos a los que aplicar las reglas de correspondencia, tenemos una interpretación de la teoría, en el sentido de que todos los enunciados teóricos resultan ser *ciertos* para los cuerpos celestes. Alternativamente, al seleccionar las bolas de billar como dominio, obtendremos una interpretación diferente de la misma teoría.

Resumiendo, según el empirismo lógico las teorías científicas se identifican con conjuntos de enunciados teóricos (axiomas, teoremas, leyes), construidos autónomamente respecto a las observaciones empíricas; los enunciados teóricos se interpretan luego seleccionando un dominio específico de objetos a los que aplicar las reglas de correspondencia. No obstante, los enunciados teóricos y las reglas de correspondencia siguen siendo distintos, aunque ambos están incluidos en la estructura de una teoría científica. Además, la distinción entre teoría y observación es clara, ya que los enunciados observacionales no forman parte de la estructura de una teoría (Tabla 2).

Tabla 2. Las relaciones entre teoría y observación según el empirismo lógico

Teoría		Observación
Enunciados teóricos (axiomas, leyes, teoremas)	Reglas de correspondencia	Enunciados observacionales
Términos teóricos y lógicos	Términos teóricos, lógicos y observacionales	Términos observacionales y lógicos

Fuente: Readaptado de Winther (2021, Tabla 1).

Si bien esta caracterización de las teorías científicas plantea diversas cuestiones, en lo que sigue nos centraremos únicamente en la relación entre teoría y observación.

Los empiristas lógicos, aunque a menudo discrepan en cuanto al modo de caracterizar los enunciados observacionales, están de acuerdo en que la parte teórica de una teoría científica es claramente distinta de la observación. Esto significa que la verdad o falsedad de los enunciados observacionales se puede establecer directamente, precisamente a través de la observación, sin necesidad de referirse a los enunciados teóricos. En este sentido cabe hablar de la observación como un dato «puro», en el sentido de neutro (verdadero o falso per se, solo en virtud de cómo está hecho el mundo), incontaminado (independiente de la teoría, ya que es precisamente la observación la que da sentido a la teoría, suministrándole una interpretación, y no al revés) y atómico (controlable aisladamente, independientemente de ulteriores datos observacionales y, como es obvio, de la teoría). En virtud de su «pureza», los enunciados observacionales representan una herramienta eficaz para contrastar y confrontar las diversas teorías científicas. Según los empiristas lógicos, la dicotomía entre teoría y observación garantizaría así la objetividad y la racionalidad de la empresa científica.

La independencia de la observación con respecto a la teoría es sin embargo cuestionada alrededor de la década de 1960, cuando se formula la hipótesis de que las observaciones no son puras sino, por el contrario, «cargadas de teoría». A esta revolución epistemológica –de la que cabe considerar precursor a Pierre Duhem (1861-1916)– contribuyen sobre todo K.R. Popper, Norwood R. Hanson (1924-1967), Thomas S. Kuhn (1922-1996) y Paul K. Feyerabend (1924-1994). Otra aportación importante proviene de la psicología de la *Gestalt* (o psicología de la forma), un sector de investigación psicológica que nació a fines del siglo XIX y que luego se desarrolló sobre todo en Alemania y Austria en la primera mitad del siglo XX. Partamos por tanto de ahí para ver en qué sentido la observación puede considerarse «cargada de teoría».

De acuerdo con la psicología de la *Gestalt,* nuestra experiencia perceptiva nunca es reconducible a aspectos particulares aislados, sino que desde el principio está siempre integrada en un esquema o modelo global más amplio. Esta tesis encontraría inmediata confirmación en las llamadas «figuras ambiguas», es decir, aquellos casos en los que una misma forma, es decir, una misma percepción (en el sentido de una misma imagen retiniana) puede producir dos observaciones y conceptualizaciones distintas, según el modelo de fondo que activa el sujeto en cada momento (Fig. 1). Así pues, la posibilidad de dar distintas interpretaciones a una misma figura ambigua dependería de que hay algo que se añade a la mera percepción, un elemento adicional de carácter «conceptual» que se fija a la percepción, determinando su dirección: veo un conejo en lugar de un pato, una mujer joven en lugar de una anciana, etc.

Uno de los primeros filósofos en introducir las ideas de la *Gestalt* en la filosofía de la ciencia fue N. R. Hanson, en *Patterns of Discovery* (1958). Siguiendo el razo-

Figura 1. Dos figuras ambiguas: pato/conejo y mujer joven/señora anciana.

namiento de Hanson, consideremos a dos científicos partidarios de teorías científicas alternativas, como por ejemplo Tycho Brahe, fiel al modelo geocéntrico o ptolemaico, y Johannes Kepler, partidario del modelo heliocéntrico o copernicano, e imaginemos que ambos están observando un cierto fenómeno, por ejemplo, una puesta de sol en el horizonte. Por hipótesis, los dos científicos observan el mismo fenómeno, en las mismas condiciones y con las mismas modalidades. La pregunta que se hace Hanson es: ¿qué «ven» los dos científicos? En cierto sentido del verbo ver (definido como «ver *qué*»), ambos ven idéntico fenómeno: el disco del Sol y el horizonte que se acercan cada vez más uno al otro. Es decir, Brahe y Kepler tienen la misma imagen retiniana del Sol con respecto al horizonte. Sin embargo, en otro sentido del verbo «ver» (etiquetado como «ver *cómo*») no ven lo mismo en absoluto: Tycho Brahe ve el Sol descendiendo hacia el plano del horizonte en su movimiento alrededor de la Tierra; Kepler en cambio ve el horizonte terrestre subir hacia el Sol, haciéndolo desaparecer lentamente, en el movimiento de la Tierra alrededor del Sol. Ver la puesta de sol como lo ve Kepler significa entonces, según Hanson, haber hecho una «reorientación gestáltica» con respecto a la forma en que Brahe ve el mismo fenómeno. La segunda acepción del verbo «ver», entendida en el sentido de «ver *cómo*», mostraría entonces que las mismas percepciones están siempre «cargadas de teoría» *(theoryladen):* los dos científicos ven hechos y eventos diferentes al observar el mismo fenómeno, debido al diferente marco teórico que sustenta y organiza sus respectivas percepciones. Según Hanson, se puede afirmar por tanto que teoría y observación nunca son completamente distintas y que el nivel teórico contribuye a dar un contenido específico a los enunciados observacionales.

Las consideraciones de Hanson a favor de la teoreticidad de la observación fueron luego retomadas y mejor detalladas por Kuhn (1962) y Feyerabend (1975) para cuestionar el (presunto) carácter progresivo y racional de la empresa científica (cfr. capítulo 19). El debate sobre la teoreticidad de la observación sigue abierto, involucrando muchos otros temas de la filosofía de la ciencia.

5. Modelos y experimentos

En la práctica científica, los científicos y científicas utilizan a menudo, no teorías propiamente dichas, sino diferentes tipos de *modelos,* como el modelo atómico de Rutherford en física, el de la doble hélice del ADN en biología o el de la máquina de Turing en las ciencias cognitivas. En general, los modelos científicos tienen por objeto representar un determinado aspecto de la realidad o un fenómeno simplificándolo o idealizándolo, con el fin de mejorar su comprensión (aspecto que, como veremos, es común a modelos y experimentos).

Por ejemplo, el modelo del *homo oeconomicus,* formulado en la teoría económica clásica y a menudo adoptado por la teoría de juegos para comprender el razonamiento detrás de ciertas elecciones que se hacen en el ámbito social o económico, atribuye a los seres humanos un alto grado de racionalidad, en particular la capacidad de calcular todos los costes y beneficios de ciertas acciones y de tomar luego decisiones basadas en ese cálculo. El modelo *idealiza* las facultades cognitivas humanas ya que excluye del cuadro todos los elementos «irracionales» que también guían nuestras elecciones, como los factores emocionales o los sesgos cognitivos, así como las eventuales limitaciones temporales y de información que caracterizan el razonamiento «real» de los seres humanos (Potochnik, 2017).

En realidad, el concepto de modelo puede utilizarse de diferentes formas según la disciplina: puede entenderse como modelo teórico, modelo animal, modelo matemático, modelo lógico, modelo computacional, etc. Por ejemplo, el concepto de modelo animal se refiere al hecho de examinar una determinada especie (como las ratas, las cobayas o las moscas de la fruta) para comprender aspectos específicos de otra especie objetivo (como el ser humano). Basándose en el hecho de que dos especies determinadas –como por ejemplo una especie de rata y los seres humanos– son biológicamente similares y por lo tanto comparten muchas características, los modelos animales se utilizan frecuentemente en biomedicina para estudiar los mecanismos patológicos de ciertas enfermedades, la eficacia de nuevos fármacos o la inmunotoxicidad inducida por ellos. Un modelo matemático, por su lado, consiste en describir en términos cuantitativos un fenómeno natural más o menos complejo –como la velocidad de un objeto en caída libre, la propagación de una epidemia, el crecimiento de una población– de modo que se puedan hacer previsiones lo más fiables posible y eventualmente intervenir con arreglo a ellas.

Pero ¿en qué se diferencian las teorías de los modelos? Según la «concepción estándar», de matriz neopositivista, los modelos no son más que ayudas de las teorías. Simplificando un poco cabe decir que en el modelo algunos términos que se considera que se corresponden o podrían corresponderse con entidades reales del mundo son reemplazados por términos que sabemos que no se corresponden con ellas en absoluto, porque implican grandes idealizaciones y simplificaciones. Y es que reemplazar objetos poco familiares de la ciencia por objetos del sentido común o por idealizaciones suyas puede facilitar la comprensión de un determinado fenómeno y ayudar al progreso de la ciencia.

Por ejemplo, al modelizar un gas como un conjunto de bolas de billar se reemplazan algunos términos teóricos de la teoría de los gases («átomos de gas») por otros términos del sentido común («bolas de billar»), manteniendo sin embargo las mismas leyes, a saber, las leyes de la mecánica newtoniana; de esta manera todos los enunciados de la teoría son interpretados y resultan verdaderos. Dicho esto, el modelo es *literalmente* falso desde el punto de vista de la representación, porque sabemos que los átomos de gas no son bolas de billar: son de tamaño diferente, no están hechos del mismo material, no son del mismo color, etc.

Así pues, en cierto sentido algunos modelos representan la realidad de manera metafórica. Otro ejemplo de este tipo es el modelo atómico desarrollado por Ernest Rutherford (1871-1937), que se basa en una metáfora «planetaria» heliocéntrica en la que el núcleo atómico es el Sol, y los electrones, los planetas que orbitan a su alrededor. Está claro, sin embargo, que un átomo no debe entenderse literalmente como un sistema solar.

Según la «concepción estándar», una teoría puede tener varios modelos, pero la estructura de estos es siempre la misma que la de la teoría de la que se obtienen. Eso, sin embargo, no parece plausible, ya que muchos modelos se configuran como independientes de la teoría y funcionando de manera autónoma. El modelo de la máquina de Turing, por ejemplo, no nace con el objetivo de «modelizar» ningún proceso cognitivo, sino de aportar un análisis teórico del concepto de computación. Así, un modo ecuménico de concebir la relación entre teorías y modelos sería reconocer que la práctica científica en realidad involucra a ambos, de forma que unas y otros pueden considerarse fuentes separadas de conocimiento científico.

Como queda dicho, una característica típica de los modelos es que ofrecen simplificaciones o idealizaciones que pueden permitirnos analizar y comprender mejor un fenómeno complejo. Esto nos lleva a considerar otro elemento clave de la práctica científica, especialmente en lo que se refiere a las ciencias empíricas, a saber, el *experimento*.

Al igual que los modelos, los experimentos nos permiten analizar fenómenos complejos en condiciones simplificadas e idealizadas, facilitando así su comprensión. En un contexto experimental es posible controlar o «aislar» determinadas variables, excluyendo los elementos accesorios que no se consideran interesantes o que, al interactuar con el fenómeno analizado, podrían alterarlo o complicar excesivamente los datos.

Para comprender el posible papel de las idealizaciones en la práctica científica y lograr así interpretar mejor los resultados empíricos de un experimento científico, analicemos los famosos experimentos con guisantes realizados por Gregor Mendel (1822-1884), experimentos que constituyen la base de la moderna genética.

Entre las diversas plantas de guisantes estudiadas por Mendel existen diferencias evidentes en sus características fenotípicas, como el color de las semillas y la longitud del tallo. Por ejemplo, el color de las semillas puede ser amarillo o verde, mientras que el tallo puede ser largo o corto. Mendel formula entonces la hipótesis de que estos caracteres están determinados por «factores generativos» específicos (posteriormente llamados *genes)* y que las formas alternativas de cada carácter dependen de formas alternativas de estos factores (llamadas *alelos).* Esto tendría lugar con arreglo a relaciones simples: un gen concreto determina el color de las semillas, otro la longitud del tallo y así sucesivamente, en principio, para todos los caracteres fenotípicos. De esta explicación se deriva la hipótesis de que existe una relación biunívoca entre genotipo y fenotipo, hipótesis que está ligada a una visión simplificada e idealizada de la genética, que a su vez condujo a simplificaciones posteriores, como la idea de que existe *el* gen del lenguaje, de la obesidad, de la inteligencia, de la depresión, del tabaquismo, etc.

Sin embargo, genetistas como Thomas H. Morgan (1866-1945) y el mismo Mendel pronto se dieron cuenta de que los resultados de sus experimentos debían interpretarse en relación con el contexto idealizado en el que se habían llevado a cabo. En particular, Mendel, en sus experimentos, cruza entre sí plantas similares durante generaciones y generaciones, obteniendo así artificialmente poblaciones muy homogéneas para cada carácter examinado. Al cruzar solo plantas cuyas semillas tienden al amarillo, y luego solo plantas con semillas que tienden al verde, lo que obtiene, después de varias generaciones, son dos poblaciones de plantas claramente distintas: por un lado, plantas con semillas de color amarillo brillante y, por otra, plantas con semillas de color verde brillante.

Sin embargo, en contextos «naturales» y no experimentales el color de las semillas y la altura del tallo de una planta no varían bruscamente (amarillo o verde, alto o bajo) sino continuamente (de verde oscuro a amarillo claro, de más alto a más bajo), mostrando una infinidad de valores intermedios. Esto se debe al hecho de que los caracteres en cuestión son en realidad producto de la interacción entre muchos genes y factores ambientales, no de genes singulares, como podrían sugerir a primera vista los experimentos de Mendel. La hipótesis de que existe una relación uno a uno entre el genotipo y el fenotipo resulta ser por lo tanto falaz.

En resumen, gracias a ciertas técnicas de cultivo Mendel es capaz de controlar numerosas variables ambientales y biológicas que de otro modo tenderían a complicar la lectura de los fenómenos que estudia. De esa forma, en sus experimentos logra aislar el efecto de genes individuales en el fenotipo de las plantas de guisantes. Comprender las idealizaciones del protocolo experimental mendeliano permite no solo comprender mejor el valor de los estudios de Mendel, sino también entender por qué, en condiciones no experimentales, rara vez existe una relación uno a uno entre genotipo y fenotipo.

Antes de concluir, señalemos cómo, a partir de modelos y experimentos, es posible extraer conclusiones de carácter más general sobre la realidad, formular predicciones, controlar fenómenos y tomar decisiones prácticas *(decision-making)*. Por ejemplo, los modelos meteorológicos, aunque muy idealizados, permiten a los climatólogos predecir con bastante precisión la probabilidad de que se produzca un determinado fenómeno meteorológico (lo que puede parecer sorprendente si tenemos en cuenta la enorme cantidad de variables implicadas) y, en el caso de fenómenos adversos como tornados, tsunamis o inundaciones, estos pronósticos pueden orientar las opciones en materia de prevención o mitigación de riesgos. Análogamente, los experimentos pueden servir de base para la toma de decisiones, tanto a nivel individual como institucional: basta pensar en los experimentos realizados en biomedicina para evaluar la eficacia y seguridad de fármacos o vacunas.

6. Razonamiento científico

Que los resultados alcanzados por la ciencia nos parezcan particularmente sólidos y seguros depende también de la forma en que los científicos llegan a ellos, es decir, del *razonamiento* que siguen para llegar a sus conclusiones. Procede por tanto preguntarse en qué consiste el razonamiento científico, cuál es su naturaleza y si es efectivamente fiable.

En general, un razonamiento tiene como objetivo confirmar (o refutar) una determinada conclusión *(C)* sobre la base de premisas *(P1 ... Pn)* y de reglas de inferencia, que pueden ser deductivas o no deductivas.

Para empezar, el razonamiento *deductivo* se caracteriza por el hecho de que las premisas implican lógicamente la conclusión (es decir, la conclusión es una consecuencia lógica de las premisas). Esto significa que, si las premisas son verdaderas, entonces la conclusión es necesariamente verdadera. En ese caso se dice que el argumento es *de-*

ductivamente correcto (o *válido*). La corrección deductiva (o validez) de un razonamiento depende de su
estructura formal, es decir, del tipo de relación entre las
premisas y las conclusiones, no de la verdad o falsedad
de las premisas. Por ejemplo:

Todos los cuervos son negros
Pino es un cuervo

Luego Pino es negro

A nivel estructural, este razonamiento se puede esque-
matizar de la siguiente manera:

Todos los C son N
P es un C

Luego P es N

Esta estructura se puede encontrar en muchos otros
casos, como:

Todos los ancianos son calvos
Marco es anciano

Luego Marco es calvo

Es importante entender que la corrección deductiva de
los argumentos anteriores no depende del hecho de que
todos los cuervos sean realmente negros o de que todos
los ancianos sean realmente calvos. Lo que importa desde
el punto de vista lógico es que, *suponiendo que las premi-*

sas sean verdaderas, la conclusión será necesariamente verdadera. Y de hecho vemos que en nuestros ejemplos es así: si es cierto que todos los cuervos son negros y que Pino es un cuervo, entonces necesariamente se sigue que Pino es negro; si es cierto que todos los ancianos son calvos y que Marco es anciano, entonces necesariamente se sigue que Marco es calvo. Es luego un problema empírico (y no lógico) determinar si las premisas son verdaderas en un sentido más fuerte y ontológicamente connotado; y si, y solo si, las premisas son verdaderas, se puede decir que el razonamiento también está *fundamentado.*

El razonamiento deductivo tiene la virtud de garantizar la verdad de la conclusión supuesta la verdad de las premisas. Por lo tanto, es un tipo de razonamiento extremadamente seguro. Por otro lado, la conclusión de un razonamiento deductivo no es ampliativa, en el sentido de que toda la información contenida en la conclusión ya está implícitamente presente en las premisas: en otras palabras, la conclusión no dice *nada más ni nada nuevo* con respecto a las premisas y por lo tanto no amplía nuestro conocimiento. Si bien la inferencia deductiva no es ampliativa, es explicativa, en el sentido de que permite reorganizar el conocimiento que ya se tiene, haciendo explícitas sus consecuencias. Veamos otro ejemplo.

Todo gas calentado a presión constante aumenta de volumen
G es un gas mantenido a presión constante
G pasa de la temperatura T_0 a la temperatura T_1, con $T_1 > T_0$

G aumenta de volumen

Es fácil darse cuenta de que conocer las premisas ya significa conocer la conclusión, incluso antes de observar el aumento de volumen de G. Por lo tanto, el razonamiento deductivo nos permite explicar lo que ya sabemos, sin por ello ampliar nuestro conocimiento. Por eso, el razonamiento deductivo es característico sobre todo de las ciencias formales.

Algunos autores, como Popper (1962), consideran que el único razonamiento que deben adoptar todas las ciencias es el deductivo, ya que es el único capaz de garantizar la verdad de la conclusión a partir de la verdad de las premisas (cfr. capítulo 10). Sin embargo, en las ciencias naturales se utilizan principalmente tipos de razonamiento no deductivo.

En el razonamiento no deductivo las premisas *no* implican lógicamente la conclusión (es decir, la conclusión *no* es una consecuencia lógica de las premisas). Esto significa que la verdad de las premisas no garantiza la verdad de la conclusión, que por tanto podría ser falsa. Consideremos los dos ejemplos siguientes (la línea discontinua indica que la conclusión no es una consecuencia lógica de las premisas):

Todos los cuervos C_1 ... C_n que he visto hasta hoy son negros

----

Por tanto, el próximo cuervo que vea será negro

Las semillas de tomate que dejé en el jardín han desaparecido
Esta mañana he oído el graznido de los cuervos durante un buen rato

----

Las semillas de tomate se las comieron los cuervos

En el primer argumento pasamos de premisas sobre objetos que ya se han examinado (los cuervos que he observado) a conclusiones sobre objetos que aún no se han examinado (el próximo cuervo que vea, que por tanto no he observado todavía). En el segundo, en cambio, se intenta elaborar la mejor explicación capaz de dar cuenta de los elementos disponibles (la desaparición de las semillas y el graznido de los cuervos). En ambos casos, las premisas apoyan la conclusión: por un lado, haber observado un cierto número de cuervos negros hace que sea razonable pensar que el próximo cuervo que vea será también negro y, por otro lado, haber escuchado el graznido de los cuervos y observado la desaparición de las semillas permite razonablemente pensar que han sido los cuervos los que se han comido las semillas. Dicho esto, aun suponiendo que las premisas sean verdaderas, la conclusión podría seguir siendo falsa: el próximo cuervo que vea podría ser blanco (si me encontrara, por ejemplo, con un cuervo albino), y el autor de la desaparición de las semillas podría haber sido un ladrón que pasó por allí y que espantó a los pájaros.

Los argumentos anteriores ejemplifican los dos tipos principales de razonamiento no deductivo: el razonamiento inductivo y el abductivo. Veámoslos en detalle.

En el razonamiento inductivo, como hemos visto, pasamos de premisas relativas de objetos ya examinados a conclusiones sobre objetos aún no examinados. Para ser más precisos, en el caso de la inducción por enumeración simple se observa un cierto número de objetos, se constata que siempre son objetos de tipo A que también tienen la propiedad B, y por lo tanto se concluye que todos los objetos de tipo A son también B.

Por ejemplo, supongamos que hemos comprado una caja de seis botellas de Barbera d'Asti y que al probar la primera botella comprobamos que está en buen estado. En los días siguientes abrimos otras botellas y comprobamos que la segunda, la tercera, la cuarta y la quinta de la misma caja también son todas de gran calidad. Por *inducción* podemos por tanto concluir que la sexta también será de excelente calidad y que causaremos buena impresión al descorcharla en una cena con amigos. La conclusión es ciertamente (muy) probable, pero podría suceder que la sexta botella esté acorchada y no esté buena. En resumen, el razonamiento inductivo es menos seguro que el razonamiento deductivo. Sin embargo, es característico no solo de nuestra práctica diaria, sino también de buena parte de la investigación científica. Veamos dos ejemplos.

Consideremos primero las tres leyes del movimiento. Fueron formuladas a partir de la observación de un número relativamente limitado de cuerpos, para luego hacerlas extensivas a todos los cuerpos del universo, independientemente de su orden de magnitud. Por lo tanto, se trata de un razonamiento inductivo que, por adecuado que sea, no garantiza que las tres leyes sean efectivamente verdaderas para todos los cuerpos del universo.

O imaginemos que hemos tratado con penicilina a una serie de sujetos afectados por una infección estreptocócica y hemos constatado que todos ellos se recuperan en poco tiempo. Por inducción podemos concluir que otros sujetos afectados por una infección estreptocócica, si se les administra penicilina, también se recuperarán en poco tiempo. La conclusión es (muy) razonable, pero podría suceder que un individuo con infección estrepto-cócica no se cure con penicilina porque en su caso particular la infección sea resistente al fármaco.

Con el razonamiento inductivo es necesaria otra cautela, al menos en la medida en que se consideren generalizaciones de tipo estadístico, como muchas de las que se dan en medicina o sociología. En efecto, para no correr el peligro de hacer inducciones precipitadas, es necesario prestar atención a la *muestra* de objetos que se examina, en el sentido de que debe ser suficientemente grande y adecuadamente representativa. Expliquemos estos dos requisitos mediante un ejemplo. Supongamos que hemos suministrado un medicamento a personas con una determinada enfermedad y hemos comprobado que se recuperan. Por tanto, podemos concluir por inducción que los demás sujetos con la misma patología se recuperarán al administrarles el mismo medicamento. Imaginemos, sin embargo, que la muestra de referencia está formada por solo una docena de personas, o por un número adecuado de personas, pero todas ellas adultos varones. En el primer caso, el número de personas consideradas sería demasiado pequeño para generalizar inductivamente el resultado; en el segundo caso, incluso suponiendo que el número de personas sea adecuado, es fácil ver que existen diferencias biológicas significativas entre hombres y mujeres y entre niños y adultos, diferencias que pueden hacer cuestionable la generalización inductiva a toda la población, compuesta como está también en gran parte por mujeres y niños.

El razonamiento *abductivo* también se conoce como *inferencia a la mejor explicación,* ya que se articula enunciando la hipótesis o teoría que mejor puede explicar un determinado conjunto de elementos. Se trata de un razonamiento ampliamente presente en la práctica científica, hasta el punto de que Charles S. Peirce (1839-1914) lo considera el verdadero motor de la ciencia. Esquemáticamente, el razonamiento abductivo se puede representar de la siguiente manera:

Se observa el evento E
Se constata que si la hipótesis I fuese verdadera, entonces E se seguiría de ella
----
Por tanto se concluye que I es verdadera

Si hubiera varias hipótesis compitiendo entre sí (por ejemplo, en el caso de la desaparición de las semillas, la hipótesis de los cuervos y la del ladrón que pasa por allí), el razonamiento abductivo permitiría elegir la mejor explicación, es decir, la más simple, la más parsimoniosa, la más completa y la más conservadora (es decir, la que nos permitiría mantener intactas la mayoría de nuestras creencias anteriores).

Imaginemos que queremos explicar los fósiles de amonites (moluscos cefalópodos ya extinguidos) encontrados en los Apeninos umbros a diferentes niveles de profundidad, niveles que cabe considerar como correspondientes a diferentes momentos del Jurásico. Estos fósiles muestran una serie de pequeñas variaciones *verticales* en la morfología de las conchas, es decir, variaciones que se han sucedido en el tiempo. La teoría de la evolución, que sostiene que las especies cambian con el tiempo, puede

dar cuenta de esas características con precisión y parsi-
monia, refiriéndose a un solo ancestro común y a la selección natural; otras explicaciones, como la creacionis-
ta, serían en cambio menos parsimoniosas ya que
requerirían hipótesis *ad hoc,* así como la adopción de muchas creencias científicamente no justificables. Razonan-
do abductivamente podemos por tanto inferir la verdad
de la teoría de la evolución, porque es la que ofrece la
mejor explicación posible de la evidencia fósil de que
disponemos.

Pero ¿cómo determinar cuál es la mejor explicación de
entre varias alternativas? A veces puede ser sencillo,
como en el ejemplo anterior; otras, no tanto. La mejor
explicación, como queda dicho, suele considerarse que
es aquella que, en comparación con las demás, es más
sencilla, más parsimoniosa, más completa y más conservadora. Sin embargo, no es obvio que el mundo sea más
bien simple que complejo: entonces, ¿por qué preferir
una explicación simple y parsimoniosa a otra compleja y
elaborada? Tampoco está dicho que la mayoría de nuestras creencias sean verdaderas: entonces, ¿por qué preferir una explicación que no cuestione nuestras creencias
previas antes que otra que nos obligue a revisarlas (cfr.
capítulo 18)?

7. El problema de la inducción

El razonamiento inductivo, que permite extraer conclusiones sobre objetos o sucesos aún no examinados a partir de premisas sobre objetos o sucesos que sí han sido examinados, se utiliza mucho en la práctica científica. Si, por un lado, la inducción parece una forma muy razonable de formar juicios sobre el mundo (tanto es así que la usamos continuamente, no solo en la ciencia sino también en la práctica diaria), por otro lado, no puede garantizar la verdad de las conclusiones a partir de la verdad de las premisas (cfr. capítulo 6). Queda entonces por aclarar cuáles son el valor y el grado de justificación del conocimiento obtenido de forma inductiva. *¿Por qué* vamos a estar legitimados para hacer generalizaciones sobre todos los objetos o eventos de un cierto tipo a partir de un número determinado (siempre limitado) de experiencias pasadas con objetos o eventos de ese mismo tipo? Este es el llamado *problema de la inducción* o *problema de Hume*.

Según el filósofo escocés David Hume (1711-1776), ni el razonamiento inductivo, ni las conclusiones derivadas de él, se pueden justificar racionalmente (Hume, 1739, 1748). Para llegar a esta conclusión, Hume examina, para luego descartarlas, algunas formas posibles de justificar racionalmente la *inducción*.

Para empezar, es necesario recordar la crítica de Hume a la noción de causalidad, que en su opinión no refleja ninguna conexión real entre dos elementos (la causa y el efecto), sino más bien una impresión de nuestra mente, que tiene la «tendencia psicológica» a pasar de un elemento a otro en virtud, por ejemplo, de su proximidad espaciotemporal. La crítica del concepto de causalidad tiene consecuencias inmediatas para el razonamiento inductivo: dado que haber observado muchos cuervos y constatar que todos son negros no implica ninguna relación causa-efecto entre el ser cuervo y el ser negro, no existen garantías de tipo causal de que todos los cuervos sean negros, ni de que el próximo cuervo que vea lo sea.

El núcleo de la crítica de Hume del concepto de inducción gira sin embargo alrededor del llamado *principio de uniformidad de la naturaleza*. Este principio expresa la idea de que la naturaleza se comporta de manera regular, siempre igual o similar al pasado, sin dar nunca sorpresas. Apelando a este principio, sería posible entonces justificar racionalmente la inducción argumentando que, siendo la naturaleza uniforme, los objetos que aún no hemos examinado serán similares, o se comportarán de manera similar en aspectos relevantes, a los objetos del mismo tipo que ya hemos examinado. Pero, ¿qué garantiza que la naturaleza sea realmente uniforme, que se comporte siempre de manera regular, sin dar nunca sorpresas?

Una primera posibilidad de justificar el principio de uniformidad de la naturaleza podría ser, según Hume, la de demostrarlo, en el sentido estricto de demostrarlo *lógicamente,* mediante un razonamiento deductivo cuyas premisas no pueden ser falsas. Por ejemplo, enunciados como «*A* o no *A*» o «Si *A* entonces *A*» son siempre verdaderos, independientemente de lo que se sustituya por la variable *A,* mientras que su negación sería una contradicción. Si este camino fuera viable, entonces el principio de uniformidad de la naturaleza sería también una verdad cuya negación, es decir, la no uniformidad de la naturaleza, sería una contradicción. Pero eso no existe, ya que es fácil imaginar un mundo en el que la naturaleza no se comporte de manera regular, sino que cambie su curso de un día para otro.

Recordemos a este respecto la historia del pavo[2] inductivista propuesta por Bertrand Russell (1872-1970). A este pavo, desde que nació, le dieron siempre de comer a las nueve de la mañana. El pavo, como buen inductivista, antes de sacar conclusiones precipitadas, esperó a recoger muchísimas observaciones del hecho de ser alimentado a las nueve de la mañana, incluso en diferentes circunstancias, por ejemplo, con lluvia o con sol. Después de recoger un número muy grande de pruebas, el

---

2. Originalmente, Bertrand Russell, en *Los problemas de la filosofía,* hablaba de un «pollo inductivista», pero posteriormente Alan Chalmers, en *What is this thing called Science? (¿Qué es esa cosa llamada ciencia?* Ed. Siglo XXI, 1982) reformuló la historia con un pavo como protagonista, que es la versión ofrecida aquí. *[N. del T.]*

pavo se dio por satisfecho, llegando por vía inductiva a la siguiente conclusión: «Me dan de comer todos los días a las nueve de la mañana». Sin embargo, concluye amargamente Russell, «El hombre que ha dado de comer al pollo todos los días de su vida acaba por retorcerle el pescuezo, mostrando que una idea más refinada de la uniformidad de la naturaleza le habría sido útil al animal» (Russell, 1912; la traducción es nuestra).

Alternativamente, Hume examina el intento de justificar racionalmente el principio de uniformidad de la naturaleza argumentando que es una tesis empírica, apoyada por un número adecuado de observaciones. En efecto, parecería ser así, ya que hasta ahora hemos podido reunir una gran cantidad de evidencia empírica a favor de que la naturaleza siempre se comporta de manera regular, igual o similar al pasado, sin dar nunca sorpresas. Sin embargo, dice Hume, el razonamiento es circular. En efecto, preguntémonos qué justifica nuestra confianza en el principio de uniformidad de la naturaleza. La respuesta será algo así: creemos que la naturaleza es uniforme porque siempre lo hemos observado así en un gran número de circunstancias y por tanto esperamos poder observarlo incluso en casos aún no observados. La respuesta, sin embargo, no es más que un ejemplo de razonamiento inductivo, que es lo que a su vez debería justificar el principio de uniformidad de la naturaleza. En definitiva, si tratamos de argumentar a favor del principio de uniformidad de la naturaleza sobre una base empírica, debemos referirnos a la inducción, incurriendo así en un razonamiento circular que, como tal, no puede constituir una justificación racional.

Sobre la base de estas consideraciones, Hume concluye que el razonamiento inductivo, y las conclusiones derivadas de él, no pueden justificarse racionalmente, sino solo desde un punto de vista psicológico, sobre la base del hábito, es decir, de nuestra tendencia irrefrenable a pensar que el futuro debe ser igual al pasado. A pesar de la indudable pregnancia del argumento de Hume, ha habido muchos intentos de justificar la racionalidad de la inducción y la legitimidad del razonamiento inductivo dentro de la práctica científica.

Una primera opción es rechazar la suposición de que todo razonamiento circular es en sí mismo vicioso. De hecho, se ha argumentado que al menos ciertos tipos de argumentos circulares podrían proporcionar una justificación aceptable de la inducción, lo que representa una especie de «justificación inductiva de la inducción». En el caso específico del argumento humeano, la circularidad no sería viciosa ya que no se debe a la presencia de premisas que requieran conocer ya la conclusión, sino al uso de una regla de inferencia inductiva para concluir que esa misma regla es fiable (Papineau, 1992). Una situación similar se presentaría en el caso de que tratáramos de justificar racionalmente la deducción, ya que entonces tendríamos que recurrir a una regla de inferencia deductiva (Carroll, 1895). Pero si para la deducción esa circularidad no compromete la justificación racional de las inferencias deductivas, lo mismo debe valer también para la inducción.

Otra posibilidad diferente consiste en aceptar la idea humeana de que la inducción no puede justificarse racionalmente, pero al mismo tiempo negar que esto sea de suyo un problema. De hecho, la inducción sería tan fundamental para nuestra forma de pensar y razonar que no necesitaría de ninguna explicación ulterior. Según Peter Strawson (1952), por ejemplo, preguntarse si la inducción es racionalmente justificable sería como preguntarse si la ley es legal. Dado que la ley es la norma sobre cuya base poder juzgar si ciertas acciones son legales o no, no tiene sentido preguntarse si la ley en sí es legal. De manera análoga, como la inducción sería la norma a partir de la cual es posible juzgar si ciertas hipótesis sobre el mundo están racionalmente justificadas o no, no tendría sentido preguntarse si la inducción misma es racional.

Otra estrategia consiste en caracterizar el conocimiento obtenido inductivamente en términos probabilísticos: aunque las conclusiones obtenidas inductivamente no pueden ser tan seguras como las obtenidas deductivamente, pueden sin embargo ser altamente *probables,* hasta rozar asintóticamente la certeza (Russell, 1912). Dicho con otras palabras, las premisas de un argumento inductivo pueden apoyar la conclusión en mayor o menor grado, haciéndola así más o menos probable. Esta opción, ampliamente explorada dentro de la filosofía de la ciencia, plantea sin embargo otra cuestión importante: ¿qué debe entenderse por probabilidad (cfr. capítulo 9)?

En general, los numerosos intentos realizados para resolver el problema de la inducción se consideran en su mayoría inconcluyentes. Si Hume tuviera razón, todos nuestros esfuerzos por justificar racionalmente la inducción estarían condenados al fracaso. En consecuencia, las afirmaciones basadas en el razonamiento inductivo estarían también, en última instancia, injustificadas desde un punto de vista estrictamente racional (aunque puede que no desde el psicológico). Esta idea radical es retomada por Popper, que se propone ofrecer una explicación del conocimiento científico que sea capaz de prescindir por completo de la inducción y hacer referencia exclusivamente al razonamiento deductivo (cfr. capítulo 10).

8. Confirmación

Al presentar algunas soluciones al problema de Hume (cfr. capítulo 7), mencionamos brevemente la posibilidad de caracterizar el conocimiento obtenido inductivamente en términos probabilísticos. En ese caso, se dijo, las premisas de un argumento inductivo pueden apoyar la conclusión en mayor o menor grado. Pero ¿cómo caracterizar ese grado con mayor precisión?

Para responder a esa pregunta es primero necesario aclarar cómo el apoyo inductivo proporcionado por las observaciones se puede definir en términos de «confirmación». Cada observación hecha a favor de una hipótesis inductiva (por ejemplo, cada cuervo negro observado hasta este momento) puede de hecho considerarse como una *confirmación* de la hipótesis misma (por ejemplo, de la generalización inductiva «Todos los cuervos son negros»). Esto significa que la conclusión de un razonamiento inductivo puede considerarse tanto más probable cuanto mayor sea el número de *confirmaciones* recibidas, es decir, cuanto mayor sea el número de instancias positivas. Aun reconociendo que una hipótesis generada inductivamente es, como mucho, solo probable, pero nunca cierta, cada observación hecha a su favor puede constituir una confirmación de la hipótesis misma; cuanto mayor sea el número de confirmaciones, mayor será la probabilidad de que la hipótesis sea cierta. Supongamos que hemos observado hasta este momento *n* cuervos negros y que hemos llegado así a formular la hipótesis inductiva «Todos los cuervos son negros». Esta hipótesis se verá confirmada cada vez que se aviste otro cuervo negro; en otras palabras, cualquier observación adicional de cuervos negros constituirá una confirmación más de la hipótesis inicial. Cuanto mayor sea el número de confirmaciones recibidas, es decir, de cuervos negros realmente observados, mayor será la probabilidad de que la hipótesis inductiva «Todos los cuervos son negros» sea cierta.

Sin embargo, referirse al concepto de confirmación introduce al menos dos tipos de problemas, uno cuantitativo y otro cualitativo. En el primer caso se plantea la cuestión de cuáles son los criterios para establecer el «grado de confirmación» adecuado de una hipótesis inductiva, mientras que en el segundo la cuestión es la de qué constituye realmente una confirmación de una hipótesis inductiva. Consideremos los dos problemas en detalle.

En primer lugar, se trata de comprender en qué medida la observación de un determinado evento (un cuervo negro) puede aumentar la probabilidad de una hipótesis inductiva (todos los cuervos son negros / el próximo cuervo que vea será negro), así como de establecer cuándo la probabilidad es lo suficientemente alta para poder decir que la hipótesis en cuestión está justificada.

Imaginemos, por ejemplo, que hasta ahora hemos visto un solo cuervo y es negro. Si (0) representa la imposibilidad y (1) la certeza de que ocurra un determinado evento, la probabilidad inicial de que la hipótesis inductiva «Todos los cuervos son negros» sea verdadera será muy baja, pongamos (0,01). Sin embargo, cualquier observación adicional de un cuervo negro constituirá una confirmación de la hipótesis inductiva, aumentando simultáneamente su probabilidad. Después de un cierto número de observaciones, la probabilidad de que la hipótesis inductiva «Todos los cuervos son negros» sea cierta aumentará hasta llegar, digamos, a (0,9). En particular, si la diferencia entre la probabilidad final (0,9) y la probabilidad inicial (0,01) es positiva, se puede decir que la hipótesis está confirmada. Cabe señalar que cada confirmación aumenta, aunque sea ligeramente, el grado de confirmación de una hipótesis inductiva, pero sin llegar nunca al grado de certeza. En principio, por lo tanto, el proceso de confirmación nunca es definitivo.

Aunque esta forma de exponer el razonamiento inductivo pueda parecer convincente, hay que señalar que su formalización es todo menos sencilla y puede variar dependiendo de cómo se interprete el concepto de probabilidad (cfr. capítulo 9).

En cuanto al problema cualitativo, se trata de aclarar qué puede constituir realmente la confirmación de una hipótesis inductiva y por lo tanto de encontrar una buena definición del concepto mismo de confirmación.

Consideremos nuevamente la hipótesis inductiva «Todos los cuervos son negros». Intuitivamente, esta hipótesis es confirmada por todos aquellos «objetos» que satisfacen tanto el ser cuervo como el ser negro, es decir, precisamente los cuervos negros. Supongamos ahora que reformulamos la hipótesis en cuestión aplicando la regla lógica de contraposición según la cual el enunciado «Si *A* entonces *B*» es lógicamente equivalente a «Si no *B* entonces no *A*». Obtendremos así una hipótesis inductiva lógicamente equivalente a la de partida, a saber, «Todas las cosas no negras no son cuervos». Por lo dicho más arriba sobre lo que cuenta como confirmación, esta hipótesis sería confirmada por todos aquellos casos que satisfacen tanto *el ser no negro* como *el ser no cuervo,* es decir por «cosas» como un cisne blanco, un periquito amarillo, una manzana verde, un sillón marrón, etc. Dado que las dos hipótesis son lógicamente equivalentes, todas las confirmaciones que se aplican a una también deben aplicarse a la otra. Esto quiere decir que la hipótesis inicial «Todos los cuervos son negros» es confirmada no solo por los cuervos negros sino también por los cisnes blancos, los periquitos amarillos, las manzanas verdes, los sillones marrones y todas las demás «cosas» que no son negras y no son cuervos. Pero eso parece paradójico: ¿cómo es posible que observar una manzana verde constituya una confirmación de la hipótesis «Todos los cuervos son negros»?

Según Carl G. Hempel (1905-1997), a quien debemos la mencionada «paradoja de los cuervos» (Hempel, 1945), la falta de plausibilidad de lo que acabamos de encontrar estaría generada por nuestros conocimientos de fondo (es decir, por lo que ya sabemos sobre cuervos, cisnes, manzanas, etc.) así como por la inadecuación de nuestras intuiciones sobre el concepto de confirmación. Por ejemplo, si no supiéramos que hay muchas más cosas no negras que cuervos, incluso la observación de una manzana verde nos parecería una confirmación de la hipótesis «Todos los cuervos son negros». En otras palabras, Hempel destaca cómo no es nada obvio establecer lo que puede representar una confirmación de una determinada hipótesis científica.

Otra paradoja de la confirmación, que nos muestra cómo el mismo conjunto de confirmaciones puede respaldar hipótesis inductivas alternativas, fue propuesta por Nelson Goodman (1906-1998). Consideremos el predicado «ser vlu» según el cual un objeto es «vlu» si y solo si:

- ha sido observado antes de un momento futuro *t* (por ejemplo, el 31 de diciembre de 2030) y es verde;
- no ha sido observado antes del momento futuro *t* y es azul.

Supongamos ahora que tenemos dos hipótesis inductivas alternativas, a saber, «Todas las esmeraldas son verdes» y «Todas las esmeraldas son vlu». Lo que constituye una confirmación de las dos hipótesis es bastante claro: todas las esmeraldas observadas hasta la fecha. Antes de *t,* sin embargo, no es posible establecer qué hipótesis inductiva van a confirmar estas observaciones (en el sentido de que parecen confirmar ambas), a pesar de que son hipótesis incompatibles (Goodman, 1955).

La paradoja de Goodman también pone de manifiesto una diferencia importante entre los llamados predicados «proyectables» y los «no proyectables». Por un lado, predicados como «ser un mamífero», «ser un conductor de electricidad» o «ser un número primo» se denominan proyectables ya que nos permiten extraer inferencias inductivas aceptables. Por ejemplo, si los alambres de cobre que he examinado hasta ahora han demostrado ser buenos conductores de electricidad, tengo razón al inferir inductivamente que todos los alambres de cobre son buenos conductores de electricidad. Los predicados proyectables expresan propiedades que parecen corresponderse con regularidades del mundo natural, es decir, son legiformes. Por otro lado, predicados como «ser vlu», «haber vivido en los últimos cinco siglos» o «ser hijo único» son no proyectables, ya que no son capaces de apoyar inferencias inductivas aceptables. Si los seres humanos que he observado hasta ahora son hijos únicos, no puedo extraer la inferencia inductiva de que todos los seres humanos son hijos únicos. En resumen, los predicados no proyectables expresan propiedades «extrañas» que no se corresponden con ninguna regularidad del mundo natural. Sin embargo, queda el problema de distinguir de forma clara y no solo intuitiva qué predicados son proyectables y cuáles no.

Así pues, la paradoja de Goodman tiene un alcance mucho más amplio que la de Hempel, ya que se refiere no solo a la confirmación, sino también a la naturaleza de la inferencia inductiva, así como al problema de la legiformidad y la definición del concepto de ley (cfr. capítulo 16).

9. Probabilidad

La noción de probabilidad juega un papel fundamental en el intento de resolver el problema de Hume o al menos de mitigar sus consecuencias escépticas (cfr. capítulo 7), así como a la hora de cuantificar el concepto de confirmación (cfr. capítulo 8). También es una noción relevante para muchos otros aspectos de la filosofía de la ciencia –como, por ejemplo, la explicación científica (cfr. capítulos 14 y 15) y la teoría de la decisión (cfr. capítulo 11)– desde el momento en que interviene cada vez que hay que tomar decisiones o hacer predicciones en contextos de incertidumbre, así como en la formulación de muchas leyes, teorías y explicaciones científicas, especialmente en áreas como la biología, la medicina, la economía, etc. En suma, la noción de probabilidad nos ayuda a determinar el grado de plausibilidad de una hipótesis sobre la base de los datos, a menudo limitados, de que se dispone.

Comencemos con algunos ejemplos de enunciados probabilísticos:

1. La probabilidad de que el Génova gane el campeonato es de uno entre mil.
2. La probabilidad de que al lanzar una moneda no trucada salga cara es 1/2.
3. La probabilidad de que llueva la próxima semana es del 90%.
4. La probabilidad de morir en accidente de automóvil es de 0,01.

En este capítulo analizaremos cómo se puede interpretar, desde un punto de vista filosófico, el concepto de probabilidad.

Según la interpretación *clásica,* que se remonta a Pierre-Simon de Laplace (1749-1827), la probabilidad de un determinado suceso se define como la relación entre el número de casos favorables y el número de casos posibles (suponiendo que estos últimos son todos ellos *igual de posibles,* es decir, que no hay razones para pensar lo contrario). Por tanto, designando por n el número de casos posibles y por f el número de casos favorables, tendremos que la probabilidad de que ocurra un determinado evento E, o $P(E)$, es:

$$P(E) = f/n$$

Como el número de casos favorables es siempre menor que o igual al número de casos posibles, $P(E)$ siempre estará comprendido entre 0 (imposibilidad) y 1 (certeza).

Por ejemplo, la probabilidad de que salga un 6 al tirar un dado no trucado es 1/6, ya que hay un caso favorable de entre seis casos igual de posibles, mientras que la probabilidad de que salga un número entre 1 y 6 es 6/6 = 1 ya que hay 6 casos favorables de 6 casos igual de posibles. Aunque intuitiva, esta interpretación de la probabilidad no es capaz de dar cuenta de situaciones en las que los casos posibles no lo son todos por igual, como ocurre con un dado trucado, o en las que no se puede determinar el conjunto de casos posibles, como cuando se quiere establecer la probabilidad de recuperación de una infección estreptocócica suponiendo que se ha administrado penicilina.

En cuanto a la interpretación *lógica* de la probabilidad, esta sostiene que la probabilidad no es más que una relación lógica entre proposiciones, es decir, entre una proposición que describe la evidencia a favor de la ocurrencia de un determinado evento y una segunda proposición que explicita el evento en cuestión. Esta interpretación de la probabilidad fue la adoptada, entre otros, por Carnap (1950), en su intento de desarrollar una lógica inductiva. Consideremos la proposición C que informa sobre un número n de observaciones de cuervos negros, así como la proposición E, que afirma que el próximo cuervo que vea será negro. La probabilidad de que, dada la evidencia expresada por C, ocurra E, o $P(E|C)$, puede entonces interpretarse como el grado de confirmación de E en relación con la evidencia C. En otras palabras, la probabilidad mide la fuerza de la evidencia a favor de la ocurrencia o no de un evento determinado; por lo tanto, es objetiva, ya que se determina con referencia a la realidad fáctica, o a la evidencia de que disponemos.

La interpretación *frecuentista,* por su parte, define la probabilidad de un evento como el límite de la frecuencia relativa de ocurrencia de ese evento cuando el número de pruebas tiende a infinito. Por ejemplo, la probabilidad de que salga un número par al tirar un dado no trucado es ½, porque al tirar un dado no trucado un gran número de veces (idealmente infinitas), la frecuencia con la que sale un número par tiende a estabilizarse alrededor de un valor bien definido, en este caso el 50%. Para que esta definición tenga sentido sería necesario que las diversas pruebas se repitieran en las mismas condiciones, lo cual parece muy difícil. El principal problema, sin embargo, es que no puede dar cuenta de eventos singulares (como la probabilidad de que el Génova gane el campeonato en 2021/22), que por definición no son repetibles un número idealmente infinito de veces.

Por su parte, la interpretación *propensivista* considera la probabilidad como una propiedad objetiva de las entidades a las que se refiere. Para ser más precisos, la probabilidad no sería otra cosa que la disposición o tendencia de un determinado objeto o sistema físico a producir un determinado efecto, a largo plazo o en ocasiones específicas. Esta interpretación, típicamente asociada a Popper (1957), pero que ya se puede encontrar en algunos trabajos de Peirce (1910), permite entre otras cosas dar cuenta de la probabilidad de eventos singulares y es particularmente relevante para la filosofía de la física.

Finalmente, según la interpretación *subjetivista,* la probabilidad mide el grado de creencia de un sujeto en la ocurrencia o no de un determinado evento. En este sentido, la probabilidad es subjetiva por definición, ya que mide la fuerza de las opiniones de un individuo y se traduce en su disposición a aceptar o no determinadas apuestas. Supongamos que una persona afirma que la probabilidad de que el Génova gane el campeonato en 2021/22 es del 1%; esto quiere decir que si le preguntan si prefiere ganar 100 euros si el Génova gana el campeonato en 2021/22 o extrayendo la única bola blanca de una urna que contiene otras 99 negras, la persona mostraría indiferencia (ya que ninguna de las dos opciones haría más probable la ganancia de 100 euros). En otras palabras, según la interpretación subjetivista, no existen hechos objetivos sobre la probabilidad, independientes de las opiniones que tengan los sujetos sobre ella. Si bien tal interpretación posee la ventaja de tener un alcance prácticamente ilimitado, queda el problema de caracterizar al sujeto contra el cual medir el grado de creencia: ¿vale cualquier individuo o debe ser un individuo idealmente racional? Tampoco es trivial asignar un valor numérico preciso a la fuerza de las opiniones individuales.

En resumen, es posible definir el concepto de probabilidad centrándose en tres aspectos distintos pero interrelacionados (Hájek, 2019). El concepto de probabilidad puede entenderse en un sentido epistemológico, poniendo el énfasis en las relaciones objetivas de apoyo evidencial a favor de un determinado evento (interpretaciones clásica y lógica). O bien cabe pensar en la probabilidad como un concepto que se aplica a los eventos del mundo independientemente de las creencias de los sujetos individuales (interpretaciones frecuentista y propensivista). O, finalmente, la noción de probabilidad puede entenderse en términos del grado de creencia o confianza de un sujeto con respecto a la ocurrencia o no de un determinado evento (interpretación subjetivista).

10. Falsacionismo

Como ya mencionamos, Popper (1959, 1962) abraza *in toto* las conclusiones a las que había llegado Hume a propósito de la inducción, apoyando fuertemente no solo la imposibilidad de justificar racionalmente la inferencia inductiva (cfr. capítulo 7), sino también la exigencia de ofrecer una exposición del conocimiento científico que haga exclusivamente referencia al razonamiento deductivo. Las críticas de Popper se extienden también al concepto de confirmación. Veamos por qué.

Al analizar el concepto de confirmación, Popper subraya que esta nunca es concluyente. Efectivamente, hemos visto cómo, dada una hipótesis, ningún número de confirmaciones es nunca suficiente para garantizar su verdad (cfr. capítulo 8). Pero hay más. Según Popper, la noción de confirmación estaría basada en una falacia, la falacia de la *afirmación del consecuente:*

Si A entonces B

B

~~A~~

Tratándose de una falacia, la inferencia anterior *parece* un razonamiento deductivo, pero las premisas no implican lógicamente la conclusión: de hecho, es posible que las premisas sean verdaderas y que, sin embargo, la conclusión sea falsa. Consideremos el siguiente ejemplo:

Si Luca está matriculado en la universidad, entonces debe haber aprobado los exámenes finales
Luca ha aprobado los exámenes finales

~~Luca está matriculado en la universidad~~

En este caso, la conclusión no se sigue lógicamente de las premisas: aunque es cierto que para matricularse en la universidad es necesario haber aprobado los exámenes finales, y aun suponiendo que Luca haya aprobado los exámenes finales, esto no implica que Luca luego se matriculara en la universidad. Al estar basado en una falacia y nunca poder ser concluyente, el concepto de confirmación, según Popper, debe ser excluido de la metodología científica.

Abandonando tanto el razonamiento inductivo como el concepto de confirmación, Popper rediseña la metodología científica sobre la base de un proceso compuesto por «conjeturas y refutaciones»: se parte de la formulación de una conjetura para luego deducir sus principales consecuencias empíricas; se contrastan entonces dichas consecuencias y, finalmente, se evalúa el *estatus* de la conjetura inicial, que puede resultar corroborada o falsada.

Supongamos que hemos formulado una hipótesis científica, alguna conjetura inicial, como por ejemplo la ley de los gases, es decir, $pV = nRT$ (donde p es la presión, V el volumen, n la cantidad de sustancia, R la constante de los gases y T la temperatura); luego es necesario deducir de ella las principales consecuencias empíricas, incluido el hecho de que si el volumen del gas permanece constante y la temperatura aumenta, entonces también aumentará la presión. Después de explicitar las consecuencias empíricas de la conjetura inicial, es necesario realizar una serie de controles a través de observaciones y experimentos que nos permitan comprobar si estas consecuencias se dan o no. En este caso, se puede calentar el gas manteniéndolo a volumen constante y medir la presión. Según Popper, las consecuencias empíricas deducidas de la conjetura inicial constituyen sus potenciales falsadores: si se dan las consecuencias previstas, la conjetura inicial puede ser aceptada *temporalmente,* mientras que en caso contrario habrá que abandonarla *definitivamente*.

¿Por qué la aceptación de una teoría, según Popper, es solo temporal mientras que su abandono es definitivo? Esta asimetría depende de la estructura lógica de confirmación y falsación. En el primer caso, como ya vimos, la confirmación se basa en una falacia y nunca es definitiva. Si bien hemos observado miles de casos en los que un gas se calienta a volumen constante con un aumento de presión, en principio es posible que en el futuro un gas calentado a volumen constante no aumente de presión. Dado que ninguna hipótesis científica puede confirmarse de una vez por todas, Popper cree que su aceptación solo puede ser temporal. El proceso de falsación, a diferencia del proceso de confirmación, no se basa en una falacia, sino en un esquema correcto de razonamiento deductivo, a saber, el *modus tollens:*

Si *A* entonces *B*
no *B*
_____
no *A*

Tratándose de un razonamiento deductivamente correcto, las premisas implican lógicamente la conclusión. Consideremos el ejemplo siguiente:

Si Luca está matriculado en la universidad, entonces debe haber aprobado los exámenes finales
Luca no ha aprobado los exámenes finales
_____
Luca no está matriculado en la universidad

En este caso la conclusión se sigue lógicamente de las premisas: si es cierto que para matricularse en la universidad hay que haber aprobado los exámenes finales, y Luca no los ha aprobado, entonces es necesariamente cierto que Luca no está matriculado en la universidad. La falsación puede considerarse definitiva, ya que basta un solo contraejemplo para decretar la falsedad de una hipótesis científica y por tanto su abandono. Por ejemplo, a pesar de haber observado miles de casos en los que un gas se calienta a volumen constante y experimenta un aumento de presión, bastaría un solo contraejemplo, es decir, un solo caso de un gas calentado a volumen constante sin que aumente la presión, para decretar, según Popper, la falsedad de la hipótesis $pV = nRT$.

En resumen, supongamos que A es nuestra hipótesis de partida y B una de las consecuencias que se pueden extraer de ella. Si en mis experimentos observo que B ocurre, no puedo deducir la verdad de A. Por el contrario, si en mis experimentos observo que B no ocurre (es decir, mis experimentos contradicen B), entonces puedo deducir la verdad de *no A*, es decir, la falsedad de A. En otras palabras, mientras que una sola observación es suficiente para falsar una hipótesis científica, ningún número de observaciones, por grande que sea, será nunca suficiente para confirmarla.

Como decimos, la aceptación de una hipótesis científica es en principio provisional, abierta a una eventual futura falsación. Dicho esto, una hipótesis que resiste las falsaciones, aunque no puede decirse que está confirmada, puede sin embargo afirmarse que está «corroborada», en el sentido de que se fortalece con las confirmaciones que va recibiendo. Hay que tener cuidado de no confundir el concepto de corroboración con el de probabilidad, que Popper rechaza por estar conectado con la noción de confirmación. Por tanto, afirmar que una hipótesis está corroborada no equivale a afirmar que es más probable.

Otra distinción importante es la que existe entre falsación y falsabilidad. Mientras que la falsación se refiere al descubrimiento real de un contraejemplo que, de hecho, falsa (hace falsa) cierta hipótesis, la falsabilidad representa el criterio utilizado por Popper para distinguir las hipótesis propiamente científicas de las no científicas o pseudocientíficas (cfr. capítulo 1). Mientras que las hipótesis científicas son en principio falsables, es decir, admiten la posibilidad de ser falsadas, las acientíficas o pseudocientíficas son en cambio tales que no es posible encontrar posibles falsadores.

La idea de excluir de la justificación de las teorías científicas la inducción y la confirmación, reemplazándolas por la deducción y la falsación, obviamente no está exenta de problemas, reconocidos y discutidos por el mismo Popper. Hay uno que destaca en especial: ¿es realmente correcto argumentar que la confirmación nunca es definitiva, mientras que la falsación sí lo es? Si tomamos en serio el llamado «holismo metodológico», como veremos enseguida, la asimetría parece desvanecerse.

Para empezar, el holismo metodológico sostiene que las hipótesis científicas nunca pueden considerarse y contrastarse de forma aislada, sino sólo en el contexto de un conjunto más o menos complejo de hipótesis adicionales y suposiciones ligadas entre sí. Ya en 1906 Duhem, físico y filósofo francés, había advertido que el científico nunca puede someter a verificación empírica una hipótesis aislada, sino solo un grupo más o menos numeroso de hipótesis conjuntas o incluso teorías enteras (Duhem, 1906). De ser así, entonces tampoco en el caso de la falsación es inmediato determinar qué hipótesis de un conjunto dado es la que hay que considerar falsa. Veamos un ejemplo.

Durante la epidemia de cólera que azotó Londres en 1854, la hipótesis dominante, la llamada teoría miasmática, sostenía que el cólera era causado por la fermentación espontánea y que por lo tanto se podía combatir purificando el aire. El médico John Snow (1813-1858) propone en cambio una hipótesis alternativa, según la cual la causa del cólera es un patógeno presente en el agua. Esta hipótesis permanece ignorada durante mucho tiempo, hasta que en 1854 se produce un hecho que permite a Snow contrastarla con ayuda de las predicciones empíricas deducidas de ella. En efecto, una de las empresas que abastece de agua a Londres traslada el lugar de donde extrae el agua a una zona periférica y no contaminada del Támesis. Si la teoría de Snow era correcta, habría que encontrar diferencias sustanciales en el número de muertes por cólera entre las áreas atendidas por las distintas empresas. Consideremos por tanto la hipótesis I y la predicción P:

I: el cólera es causado por un patógeno presente en el agua;

P: las áreas atendidas por las empresas que extraen agua del centro de Londres registrarán más muertes por cólera que las áreas atendidas por las empresas que la extraen en las afueras de Londres.

Esta predicción, sin embargo, no se cumple. ¿Basta eso para falsar la hipótesis I? Según el falsacionismo parecería que sí, pero si nos tomamos en serio el holismo metodológico vemos que no es nada obvio. Si es cierto que I no puede evaluarse nunca aisladamente, sino solo en el contexto de otras hipótesis y supuestos relacionados con él, debe considerarse también la siguiente hipótesis auxiliar:

I^*: la fuente de contaminación se encuentra en las aguas contaminadas del Támesis en el centro de Londres.

El hecho de que no ocurra P no falsa entonces directamente I sino la conjunción $I \& I^*$. Por lo tanto, podría ser I^* y no I la hipótesis falsa. En el caso específico de nuestro ejemplo, ese es efectivamente el caso, ya que más adelante se descubrirá que la fuente de contaminación era una bomba de agua pública y no las aguas del Támesis.

Si para Duhem la evidencia empírica nunca puede falsar una hipótesis aislada sino solo conjuntos de hipótesis interconectadas o teorías completas, Willard V. O. Quine (1908-2000) apoya en cambio una forma radical de holismo metodológico (Quine, 1951), según la cual en principio siempre sería posible evitar la falsación de una hipótesis modificando alguna otra hipótesis o creencia de fondo (cfr. capítulo 12). Prescindiendo de las diferencias entre Duhem y Quine, el holismo metodológico torna problemática la falsación de una hipótesis científica, creando así dificultades para el falsacionismo popperiano.

Para concluir, cabe señalar que la presencia de una falsación, aunque no definitiva, obliga sin embargo a revisar o reconsiderar las propias hipótesis: en efecto, podría ser que una determinada hipótesis fuese verdadera solo en determinados contextos o en determinadas condiciones experimentales (cfr. capítulo 5). Sin embargo, no existen procedimientos automáticos que puedan servir de guía para la recuperación de una hipótesis o la revisión de una teoría, mediante hipótesis auxiliares u otros ajustes, o para su completo abandono.

11. Descubrimiento y justificación

La contraposición entre descubrimiento y justificación –es decir, entre la concepción de una nueva hipótesis y su justificación (a través de predicciones, contrastación y evaluación)– tiene raíces lejanas, remontándose incluso a los primeros matemáticos griegos y al Aristóteles de los *Analíticos segundos*. Pero es con el empirismo lógico cuando esta distinción queda correctamente definida, asumiendo también un papel central en la delimitación del campo específico de la filosofía de la ciencia, interesada únicamente en el contexto de la justificación. En efecto, no es casual que la distinción entre los dos contextos haya contribuido durante mucho tiempo a la idea de que no es posible prescribir ningún método para el descubrimiento, que se presta a estudios de tipo psicológico, histórico y sociológico, pero no lógico ni epistemológico.

Resumiendo, en el contexto del descubrimiento se analizaría el modo en que los científicos llegan a formular de hecho una nueva hipótesis o teoría; por lo tanto, se trata de procesos de pensamiento *de facto,* desde un punto de vista descriptivo. En el contexto de la justificación, por el contrario, se evaluaría racionalmente si la nueva hipótesis o teoría respeta los parámetros de la lógica y es empíricamente adecuada; por tanto, la justificación se ocupa de la defensa *de jure* de la corrección de las hipótesis científicas, desde un punto de vista normativo. Esta distinción no debe entenderse en un sentido temporal, sino epistémico: una cosa es investigar cómo se ha ideado realmente una hipótesis o una teoría, y otra muy distinta preguntarse si está justificada racionalmente.

Algunos ejemplos pueden ser útiles para aclarar esta distinción. El químico Friedrich A. Kekulé (1829-1896), a quien debemos el descubrimiento de la estructura de la molécula de benceno, cuenta en primera persona cómo, cansado tras un día de trabajo, se durmió frente a la chimenea y tuvo un sueño en el que una serpiente, enroscándose sobre sí misma, se mordía la cola para formar un anillo. Al despertar, cayó en la cuenta de que la molécula de benceno debía tener una estructura cíclica hexagonal, parecida a un anillo. Independientemente de cómo llegara Kekulé a su hipótesis, luego logró justificarla racionalmente a través de cálculos y experimentos rigurosos y repetibles, sujetos al escrutinio crítico de otros químicos.

Alexander Fleming (1881-1955), a quien se debe el descubrimiento en 1928 de la penicilina, al examinar el estado de un cultivo bacteriano, encuentra allí un día un crecimiento de moho y observa que alrededor de él el crecimiento bacteriano está inhibido. Fleming identificará luego el moho en cuestión como perteneciente a la especie *Penicillium notatum,* de donde toma el nombre la penicilina. El descubrimiento de Fleming es casual, en el sentido de que no fue preparado por ninguna observación ni recopilación de datos previa; incluso el hecho de que un cultivo bacteriano se cubra de moho no es en sí mismo nada extraordinario; sin embargo, Fleming tiene el mérito (o la suerte) de registrar la peculiaridad del moho, que es capaz de aniquilar las bacterias del cultivo. Su hipótesis fue luego verificada y evaluada críticamente a través de pruebas y experimentos, que pertenecen ya al contexto de la justificación.

Como hemos dicho, la distinción rigurosa entre el contexto del descubrimiento y el de la justificación se remonta al empirismo lógico y más exactamente a Hans Reichenbach (1891-1953), quien introdujo su terminología (Reichenbach, 1938). Sin embargo, cabe señalar que Reichenbach no contrapone un contexto puramente descriptivo, el del descubrimiento, a un contexto puramente normativo, el de la justificación. De hecho, considera que en el contexto de la justificación debe incluirse también la reconstrucción racional de los procesos reales de pensamiento de los científicos, sobre la cual habrá que realizar luego el análisis lógico que permitirá su evaluación y justificación. En lo que sigue nos basaremos sin embargo en la interpretación más común de la distinción entre los dos contextos (refiriéndonos al contexto del descubrimiento en un sentido puramente descriptivo y al de la justificación en un sentido puramente normativo), tratando de entender si es una distinción legítima y realmente sostenible.

Si bien la distinción entre descubrimiento y justificación dominó la filosofía de la ciencia hasta toda la primera mitad del siglo XX –garantizando a esta disciplina su autonomía respecto de la psicología, la historia y la sociología de la ciencia–, a partir de los años sesenta del siglo pasado empezó a ser seriamente cuestionada. Uno de los filósofos que criticó la distinción neta entre descubrimiento y justificación es Thomas S. Kuhn (1962, 1977).

En general, Kuhn cuestiona la idea neopositivista de mantener la reflexión lógico-filosófica sobre la ciencia (de tipo normativo) al margen de las aportaciones de otras disciplinas, en particular de la historia de la ciencia (reflexión de tipo descriptivo). Pero en ese caso, si no es posible separar claramente el momento descriptivo del normativo, entonces resulta difícil, cuando no imposible, trazar una línea de demarcación entre el contexto del descubrimiento y el de la justificación.

La conclusión de Kuhn deriva sobre todo de un examen de la práctica científica real, en particular de los procesos que realmente llevan a los científicos a elegir entre hipótesis o teorías rivales. En su opinión, este examen pone de relieve cómo la filosofía de la ciencia tradicional, precisamente en virtud de la distinción entre el contexto del descubrimiento y el de la justificación, ha simplificado demasiado los procedimientos reales de contrastación y evaluación de las teorías utilizadas por los científicos. En concreto, el enfoque tradicional no tendría en cuenta que estos procedimientos no son puramente lógicos y racionales, sino que se basan en complicados procesos de negociación, donde el único estándar real de justificación es el establecido por la propia comunidad científica. En otras palabras, cuando los científicos tienen que decidir a favor de una determinada hipótesis o teoría científica, entrarían en juego factores extralógicos, que solo pueden describirse en términos históricos, psicológicos y sociológicos.

Kuhn propone luego considerar los llamados «experimentos cruciales», que habitualmente se considera que son capaces de dirimir cuál de dos hipótesis o teorías científicas rivales, llamémoslas T y T^*, es la correcta. Supongamos que, dadas ciertas condiciones iniciales:

- la teoría T predice un cierto evento contrastable E (es decir, si T entonces E);
- la teoría T^* predice en cambio *no E* (es decir, si T^* entonces *no E*).

El experimento crucial debería poder contrastar si se verifica E o bien *no E;* en consecuencia, podría establecer qué teoría, si T o T^*, es realmente la correcta.

Por ejemplo, durante el siglo XVIII la teoría dominante para explicar la combustión es la teoría del flogisto, según la cual la combustión es el resultado de un proceso en el que se libera flogisto. Una teoría rival desarrollada en esos años, la teoría del oxígeno, sostiene en cambio que la combustión es el resultado de un proceso (oxidación) durante el cual se absorbe oxígeno. De la primera teoría se puede predecir que, después de la combustión, el objeto pesará menos (habiendo liberado flogisto), mientras que de la segunda se puede esperar que pese más (porque ha absorbido oxígeno). Si se quema un metal, se puede encontrar que el peso de las cales metálicas (de los óxidos, que son precisamente el producto de la combustión) es mayor que el de los elementos de partida. Un experimento semejante se considera tradicionalmente «crucial», en el sentido de que parece ser capaz de descartar la teoría del flogisto y obligarnos a optar por la del oxígeno. Sin embargo, dice Kuhn, la cuestión no es tan sencilla, ya que la historia de la ciencia nos enseña que los experimentos cruciales solo se reconocen como tales *a posteriori,* cuando la hipótesis o teoría científica derrotada ya había sido superada por una hipótesis o teoría alternativa, que es la que realmente apoya el experimento crucial. En otras palabras, un experimento se etiqueta como «crucial», y por lo tanto se utiliza para decidir entre dos hipótesis o teorías científicas rivales, solo cuando los científicos que recurren a él llevan ya tiempo convencidos de la validez de la hipótesis o teoría que resultará «triunfante».

Volvamos al ejemplo anterior. El hecho de quemar un metal y encontrar que las cales tienen un peso mayor que los elementos de partida debería representar un experimento crucial en contra de la teoría del flogisto y a favor de la del oxígeno. Kuhn señala, sin embargo, que el experimento en cuestión no se reconoce como crucial hasta que, en virtud de factores independientes, se establece la teoría del oxígeno y se interpretan por tanto los resultados experimentales como observaciones a su favor. Prueba de ello sería el hecho de que durante mucho tiempo los mismos resultados experimentales se interpretaran de forma diferente y se consideraran compatibles con la teoría del flogisto, atribuyendo por ejemplo la ganancia de peso de las cales a un peso negativo del flogisto o a la adición de minúsculas partículas de fuego durante la combustión.

En general Kuhn destaca por tanto cómo, ante dos hipótesis o teorías científicas alternativas, la elección de una sobre otra no se basa exclusivamente en factores lógicos y racionales, de carácter normativo, sino también en factores histórico, psicológico y sociológico, de carácter descriptivo. Dicho de otro modo, según él, para evaluar la justificación de una hipótesis o teoría científica no se pueden ignorar las circunstancias histórico-sociales en las que de hecho se elabora. De ser esto cierto, no puede haber una separación neta entre el contexto del descubrimiento y el de la justificación.

Para salvar la distinción entre los dos contextos es sin embargo posible introducir un tercer contexto, a saber, el «contexto de la decisión», que describa cómo los científicos realmente llegan a elegir una hipótesis o teoría científica frente a otra alternativa (Siegel, 1980). En lo que se refiere a este tercer contexto, que es de tipo descriptivo, cabe admitir que la decisión de los científicos de adoptar una determinada hipótesis o teoría científica preceda a los experimentos cruciales que deberían apoyarla, pero al mismo tiempo manteniendo la exigencia de que esta decisión sea evaluada más tarde críticamente dentro del contexto de la justificación. Dicho con otras palabras, evaluar la forma en que los científicos llegan realmente a una decisión, aceptando o rechazando una determinada hipótesis o teoría científica, sería diferente de analizar si esa decisión está racionalmente justificada. Mientras que en el contexto de la decisión se puede hacer referencia a factores históricos, psicológicos y sociológicos, estos factores quedan excluidos del contexto de la justificación, dentro del cual es en cambio necesario evaluar si la elección de los científicos está respaldada por buenas razones, relacionadas con la lógica y la adecuación empírica.

Para concluir, hay que señalar que el tema de la decisión puede involucrar aspectos descriptivos, como los vistos anteriormente, y también aspectos normativos. En este último caso, en lugar de analizar cuáles son *de facto* los procesos decisorios de los científicos, nos preguntamos qué decisiones *deberían* tomarse sobre la base de ciertos conocimientos preliminares o de teorías capaces de indicar cuáles son las ventajas y desventajas asociadas a una elección dada. En esta área de investigación juega un papel fundamental la llamada «epistemología formal», disciplina que hace uso de los métodos formales de la teoría de la decisión, de la teoría de la probabilidad y de las herramientas de la lógica para determinar qué elecciones se deberían hacer en situaciones de incertidumbre.

12. Subdeterminación

En general, cuando en filosofía de la ciencia se habla de subdeterminación, nos referimos al hecho de que dos o más teorías científicas o dos o más hipótesis mutuamente excluyentes pueden ser compatibles con la misma evidencia empírica. En casos de subdeterminación, la evidencia empírica no es de por sí suficiente para justificar la adopción de una determinada teoría o hipótesis frente a otra alternativa. Esta idea se puede formular de dos maneras diferentes, generalmente etiquetadas como «subdeterminación holística» y «subdeterminación contrastiva».

La subdeterminación holística está ligada al concepto de holismo metodológico (Duhem, 1906), es decir, a la idea de que las hipótesis científicas nunca pueden ser consideradas ni contrastadas de manera aislada, sino que hay que hacerlo en el contexto de un conjunto más o menos complejo de otras hipótesis y supuestos relacionados entre sí (cfr. capítulo 10). La subdeterminación holística surge cada vez que contrastamos una determinada hipótesis y encontramos una refutación, pero tenemos no obstante la posibilidad de abandonar la hipótesis de partida u otras hipótesis auxiliares o incluso algún supuesto de fondo. En este caso, la revisión de un conjunto de hipótesis o de una teoría está por tanto subdeterminada con respecto a la evidencia empírica disponible, que es compatible con todas las opciones y no es suficiente para justificar una en lugar de otra, ni para que nos inclinemos por una en lugar de otra. Hay que señalar, sin embargo, que en ese supuesto no es necesario concebir los diferentes modos de dar cuenta de una refutación particular como verdaderas alternativas teóricas.

La subdeterminación holística puede ser más o menos fuerte según el alcance del holismo metodológico al que va asociada. Quine (1951), por ejemplo, teoriza una forma particularmente radical de holismo metodológico, argumentando que cada una de nuestras hipótesis debe ser considerada y contrastada no solo en el contexto de un conjunto más amplio de hipótesis y suposiciones de fondo, sino incluso en el contexto de toda la ciencia, incluso de todo el conocimiento humano. La idea de Quine es que las creencias que albergamos –desde las más banales hasta las de la física nuclear, desde las de la historia hasta las de las matemáticas y la lógica– están interconectadas en una red holística que solo entra en contacto con la experiencia «en los bordes». Un conflicto con la experiencia en la periferia de la red nos obliga a readaptar toda la red, que sin embargo puede revisarse de muchas maneras diferentes, haciendo cambios en los márgenes o posiblemente incluso en el centro. De ser así, cada vez que contrastamos una hipótesis y encontramos una disconformidad podemos decidir si revisar la hipótesis o bien cualquier otra de nuestras otras creencias, incluso las más arraigadas, las de la lógica, las de las matemáticas o las relativas al significado de los términos usados. Estamos así ante una subdeterminación holística completamente radical, ya que, en principio, cualquier experiencia disconforme con la teoría puede salvarse haciendo los oportunos ajustes en la red general de creencia.

Retomando un ejemplo del propio Quine, supongamos que albergamos la creencia de que las casas de Elm Street están hechas de ladrillo rojo. Si vamos a Elm Street y comprobamos que esa creencia está en conflicto con nuestra experiencia sensorial, podemos revisar nuestra creencia sobre las casas de Elm Street, reconociendo que no están hechas de ladrillo rojo, pero también podemos cambiar nuestras creencias sobre el aspecto de los ladrillos o sobre nuestra capacidad perceptiva, o revisar otras creencias, o incluso decidir que hemos alucinado.

Según Quine, no todas las formas de reajustar la red general de creencia son igual de plausibles. De hecho, los científicos generalmente tratan de revisar las teorías que parecen estar en conflicto con la experiencia de manera que se maximicen algunas virtudes teóricas, como la simplicidad, la familiaridad, la generalidad, la aplicabilidad, la fecundidad o la conformidad con la experiencia (cfr. capítulo 18), y tratando de ser conservadores, es decir, de cambiar lo menos posible la red general de creencia (por eso, según Quine, difícilmente se cuestionará la lógica, ya que cambiarla supondría revisar en su totalidad nuestra red de creencia).

Una forma diferente de subdeterminación es la contrastiva, que se da cuando la evidencia empírica en nuestro poder es compatible con varias teorías científicas alternativas, es decir, no es suficiente para justificar una teoría en lugar de otra, ni para hacer que nos inclinemos por una más que por otra. Este tipo de subdeterminación obviamente tiene puntos en común con el anterior. Pero, por un lado, no es necesario concebir las distintas formas de dar cuenta de una determinada experiencia disconforme en términos de alternativas teóricas reales, y por otro ni siquiera es imprescindible abrazar el holismo metodológico para afirmar que la misma evidencia empírica es capaz de apoyar varias teorías científicas alternativas.

La subdeterminación contrastiva puede ser débil (o transitoria) o fuerte (o permanente). Específicamente: una teoría T está subdeterminada en sentido débil si, *en un momento dado,* la evidencia empírica en nuestro poder es compatible tanto con T como con alguna teoría alternativa T^*; en cambio, una teoría T está subdeterminada en sentido fuerte si *cualquier* evidencia empírica posible siempre será compatible tanto con T como con alguna teoría alternativa T^*. En cualquier caso, si las mismas evidencias empíricas son compatibles tanto con T como con T^*, entonces no son suficientes para hacernos aceptar T como verdadera y T^* como falsa, ni viceversa. Se dice entonces que T y T^* son *empíricamente equivalentes.*

Consideremos algunos ejemplos de subdeterminación débil. En el siglo XVI, la teoría ptolemaica y la copernicana pueden considerarse subdeterminadas porque la evidencia empírica entonces disponible es compatible con ambas teorías. En efecto, la no observación de la paralaje estelar podía considerarse como una prueba a favor de la naturaleza estática de la Tierra de los ptolemaicos o bien de la lejanía de las estrellas en conjunción con el movimiento de la Tierra de los copernicanos. En el siglo XVIII, la teoría del flogisto y la del oxígeno pueden considerarse subdeterminadas, ya que el mayor peso de las cales, producto de la combustión de los metales, era interpretado como evidencia a favor del peso negativo del flogisto por los partidarios de la teoría flogística y como absorción de oxígeno por los defensores de la teoría del oxígeno. En ambos casos, la subdeterminación es solo transitoria, ya que la adquisición de nueva evidencia empírica permitió más tarde justificar y aceptar la teoría copernicana y la del oxígeno, refutando definitivamente a sus respectivos rivales.

Un ejemplo de subdeterminación fuerte es el de la teoría de la relatividad especial y la teoría del éter en la versión de Lorentz-Fitzgerald-Poincaré. Dado que la única diferencia sustancial entre las dos teorías radica en el postulado metafísico de un único sistema en reposo absoluto, que es empíricamente indetectable y no juega ningún papel en las predicciones físicas de la teoría del éter, cualquier posible evidencia empírica siempre será compatible con ambas teorías. Según Van Fraassen (1980), es posible construir artificialmente infinitos equivalentes empíricos de una teoría. Por ejemplo, cualquier posible evidencia empírica siempre será compatible, por un lado, con la teoría de Newton junto con la hipótesis de que el universo es estacionario y, por otro lado, con la teoría de Newton junto con la hipótesis de que el universo se mueve a velocidad constante en una dirección determinada; simplemente variando la velocidad y la dirección, podemos tener infinitos ejemplos de teorías permanentemente subdeterminadas.

En general, la subdeterminación transitoria se considera poco problemática: aunque dos teorías sean empíricamente equivalentes en un momento dado, eso ciertamente no es garantía de que seguirán siéndolo, como lo demuestra la historia de la ciencia. Por lo tanto, es razonable creer que en algún momento la adquisición de nueva evidencia empírica hará que nos inclinemos por una u otra teoría, eliminando así el problema de la subdeterminación.

Más interesante en cambio es la idea de la subdeterminación permanente, según la cual ninguna evidencia empírica será nunca suficiente para inclinarnos por una teoría o por otra. A favor de la subdeterminación fuerte se han propuesto tanto argumentos *a posteriori* como *a priori*. En el primer caso se busca exhibir ejemplos concretos de equivalentes empíricos permanentes, mientras que en el segundo tratamos de mostrar que, dada una teoría T, siempre es posible –al menos en principio– concebir una teoría T^* empíricamente equivalente a T.

A estos argumentos se puede replicar en primer lugar que los presuntos ejemplos de equivalentes empíricos permanentes siempre deben estar contextualizados en un momento particular de la historia de la ciencia y que, por lo tanto, no hay garantía de que sigan siéndolo a medida que avanzan nuestros conocimientos y nuestras tecnologías (Laudan, Leplin, 1991). En otras palabras, es razonable pensar que lo que hoy nos parecen casos de indeterminación permanente, mañana serán casos de indeterminación temporal.

También se puede argumentar que no es en absoluto obvio que las teorías empíricamente equivalentes sean en general igual de virtuosas. En efecto, es razonable pensar que una de las dos teorías ofrecerá una explicación mejor de la evidencia empírica disponible, es decir, una explicación que se integre mejor con las otras teorías existentes, que sea más sencilla, precisa, explicativa, generativa, fértil, etc. (cfr. capítulo 18). Por ejemplo, la teoría de la relatividad especial puede considerarse mejor que la teoría del éter en la versión de Lorentz-Fitzgerald-Poincaré porque es más simple y porque no contiene ningún postulado metafísico de un sistema único en reposo absoluto.

Sin embargo, esta réplica entraña dos dificultades: por un lado, no está claro que la mejor teoría deba ser la que mejor se integre con las otras teorías existentes y la que sea más sencilla, precisa, explicativa, general, fértil, etc.; por otra parte, podría ocurrir, al menos en principio, que dos teorías no solo sean empíricamente equivalentes, sino que estén equilibradas en cuanto a las características que hemos dicho que distinguen a una buena teoría científica. En ese caso, ¿cómo elegir entre teorías rivales?

Finalmente, se puede tratar de resolver el problema de la subdeterminación permanente admitiendo la posibilidad de que en principio existan siempre equivalentes empíricos de una teoría científica dada, pero insistiendo en el hecho de que podemos continuar abrazando y considerando justificada una teoría hasta que se exhiba realmente un equivalente empírico plausible. En otras palabras, la mera posibilidad lógica de que existan equivalentes empíricos de nuestras mejores teorías científicas no puede ser suficiente para que suspendamos el juicio sobre ellas (Kitcher, 1993).

13. Realismo y antirrealismo

Para comprender la diferencia entre realismo y antirrealismo científico es necesario primero aclarar la diferencia entre aspectos observables y no observables del mundo. A primera vista parece una distinción simple e intuitiva: cosas como las mesas, las sillas, los planetas, los fósiles o los seres vivos son entidades claramente observables; los átomos, los protones, las proteínas son entidades no observables, al menos sin una buena instrumentación. En definitiva, la distinción entre entidades observables y no observables sería una distinción que refleja las capacidades sensoriales de los seres humanos: lo observable es lo que, en condiciones favorables, puede ser percibido utilizando exclusivamente nuestros cinco sentidos, mientras que lo no observable es lo que no puede ser percibido de esa manera.

Aunque intuitiva, la dicotomía entre observable y no observable puede ponerse en tela de juicio si se considera la distinción entre «observación» y «detección». En efecto, muchos de los objetos de los que habla la ciencia no se pueden observar directamente a través de los sentidos, pero pueden detectarse gracias a una instrumentación adecuada.

Un ejemplo es el de las ondas gravitacionales, es decir, las perturbaciones del espacio-tiempo generadas por fenómenos cósmicos que ocurren a millones o miles de millones de años luz de la Tierra, como explosiones de supernovas o colisiones de agujeros negros. Las ondas gravitacionales no se pueden observar directamente, solo se detectan gracias a sistemas muy sofisticados, como el interferómetro VIRGO ubicado en la Toscana (Italia). Resumiendo, VIRGO es una gran infraestructura que consta de dos brazos de tres kilómetros de largo dispuestos en forma de «L». Desde el vértice de la «L» se envía un haz de luz láser que, después de dividirse en dos, recorre cada brazo, se refleja en un espejo y finalmente se recombina en el vértice de la «L», donde se mide. El paso de una onda gravitacional por el interferómetro se traduce en un cambio en la longitud relativa de los dos brazos, diferencia que, aunque muy pequeña (del orden de 10^{-18} m), determina una señal medible al recombinar los dos haces de luz láser. El interferómetro también está diseñado para reducir la detección de perturbaciones distintas de las ondas gravitacionales, como las de naturaleza sísmica, que tendrían un impacto mayor.

¿Podemos decir que existe una diferencia categórica entre la observación «a simple vista» y la detección de las ondas gravitacionales mediante un interferómetro? Pensemos, por ejemplo, en la siguiente secuencia, propuesta originalmente por Grover Maxwell (1918-1981), y preguntémonos qué se considera observación y qué detección: mirar un objeto directamente y a simple vista, a través del cristal de una ventana, con gafas, con binoculares, con un microscopio de baja resolución, con uno de alta resolución, etc. (Maxwell, 1962). ¿Puedo argumentar que si miro la lluvia a través del cristal de una ventana solo puedo *inferir* que está lloviendo, mientras que si la abro *observo* directamente la lluvia? Si hubiera un microscopio de alta resolución en lugar del vidrio de la ventana, ¿cambiaría eso algo? ¿Qué grado de sofisticación debe tener la instrumentación para pasar de la observación a la detección? En resumen, el ejemplo de Maxwell pone de relieve que no se puede establecer una línea divisoria clara entre la observación y la detección. Pero si esta distinción no es clara, tampoco lo es la distinción entre observable y no observable, que por lo tanto debería abandonarse.

Van Fraassen (1980) propone una réplica al argumento de Maxwell. Según él, este argumento solo probaría que el concepto de «observable» es vago (lo mismo que conceptos como «calvo», «alto» o «mucho»), es decir, es un concepto para el cual no siempre está claro si una instancia particular cae dentro de él o no. Aunque no siempre esté claro si un objeto dado es observable o no observable (por ejemplo, una proteína), eso no quita para que haya objetos claramente observables (los perros) y objetos claramente no observables (los electrones). Si esto es cierto, continúa Van Fraassen, entonces la distinción entre observable y no observable es legítima, igual que la distinción entre calvo y no calvo o alto y no alto.

Una vez trazada la distinción entre observable y no observable, podemos introducir la dicotomía entre realismo y antirrealismo científico, haciendo sin embargo abstracción de todos los matices que puedan existir. En general, el realismo se configura como una actitud epistémica positiva frente al contenido de nuestras mejores hipótesis y teorías científicas, en lo que respecta a los aspectos observables y no observables. Más específicamente, desde el punto de vista ontológico, el realismo teoriza la existencia, independiente de la mente, de las entidades, observables y no observables, postuladas por nuestras mejores teorías científicas, mientras que, desde el punto de vista epistemológico, afirma que tales teorías ofrecen un conocimiento efectivo del mundo, incluso en lo que se refiere a los aspectos no observables. El antirrealismo, en cambio, adopta una actitud epistémica positiva solo hacia los aspectos observables. Por tanto, desde el punto de vista ontológico, el antirrealismo considera las entidades no observables como «ficciones útiles», construcciones teóricas que nos ayudan a hacer predicciones fiables, pero que no representan nada real, mientras que, desde el punto de vista epistemológico, sostiene que nuestras mejores teorías científicas no son en ningún caso capaces de ofrecernos un conocimiento efectivo de todo lo que no es observable.

Otra forma de caracterizar la dicotomía entre realismo y antirrealismo tiene que ver con la finalidad de la ciencia. El realismo afirma que la finalidad de la ciencia es proporcionar una descripción verdadera del mundo, tanto en lo que se refiere a los aspectos observables como a los no observables, mientras que el antirrealismo excluye la parte no observable del mundo, para la que la ciencia solo puede aspirar a ofrecer predicciones fiables. Consideremos por ejemplo la teoría cinética de los gases. Desde la óptica realista, sería una teoría capaz de describir la verdadera naturaleza y el funcionamiento efectivo de los gases, que en realidad están compuestos por un número muy elevado de moléculas en movimiento, cuyas propiedades nos permiten comprender por qué, entre otras cosas, a volumen constante un aumento de temperatura provoca un aumento de la presión. Desde la óptica antirrealista, en cambio, la teoría cinética de los gases introduce el concepto de molécula en la medida en que este concepto tiene utilidad predictiva, es decir, permite predecir que a volumen constante un aumento de la temperatura provocará un aumento de la presión.

Como queda dicho, la dicotomía entre realismo y antirrealismo presentada aquí no hace plena justicia a todas las formas de realismo y antirrealismo que se han desarrollado. Para dar solo un ejemplo, el realismo estructural (Worrall, 1989) desplaza la atención de las entidades no observables a la estructura matemática de las teorías científicas. En resumen, el realista estructural tiene una actitud epistémica positiva no tanto hacia el *contenido empírico,* sea observable o no, de nuestras mejores teorías científicas, como hacia la *estructura matemática* de tales teorías, estructura que se conservaría incluso a través de las grandes revoluciones científicas.

Antes de continuar, es preciso señalar que el antirrealismo, a diferencia del realismo, depende de la posibilidad de distinguir entre observable y no observable. En efecto, mientras que el realismo no establece ninguna diferencia de principio entre entidades observables y no observables, consideradas reales y cognoscibles por igual, el antirrealismo sostiene en cambio que solo se pueden considerar reales y cognoscibles las primeras, presuponiendo así una demarcación entre lo que es observable y lo que no lo es.

Uno de los argumentos más debatidos a favor del realismo, el llamado argumento de «no milagros», se desarrolló a partir de una afirmación de Putnam según la cual el realismo es «la única filosofía que no convierte el éxito de la ciencia en un milagro» (Putnam, 1975b, p. 73; la traducción es nuestra). El argumento parte de la premisa, aceptada por realistas y antirrealistas, de que nuestras mejores teorías científicas, incluso las que se ocupan de entidades no observables, gozan de un extraordinario éxito empírico, en el sentido de que no solo permiten predicciones y retrodicciones extremadamente precisas, sino que también ofrecen explicaciones efectivas de numerosos fenómenos. Y muchas teorías científicas también tienen aplicaciones tecnológicas importantes (basta pensar en la energía nuclear como aplicación tecnológica de la física de partículas). Pero ¿qué puede explicar el increíble éxito empírico de nuestras mejores teorías científicas? Los partidarios del realismo pueden responder fácilmente argumentando que ese éxito se debe a que nuestras mejores teorías científicas son verdaderas, tanto en los aspectos observables como en los no observables. Los partidarios del antirrealismo deben admitir en cambio que, en lo que se refiere a los aspectos no observables, tal éxito se debe a una extraordinaria coincidencia, casi un milagro. Sin embargo, si como explicación del éxito empírico de nuestras mejores teorías científicas se trata de elegir entre una directa y otra milagrosa, entonces solo se puede optar por la primera alternativa, la realista.

El antirrealista podrá replicar que, observando la historia de la ciencia, debemos admitir que ha habido muchos casos de teorías científicas que durante mucho tiempo disfrutaron de un éxito notable en el mundo pero que después resultaron ser falsas o inexactas. Basta pensar en la teoría ptolemaica, la del flogisto o, de nuevo, la mecánica newtoniana, que solo sigue siendo válida en determinados contextos. Apoyándose en que muchas teorías empíricamente válidas en el pasado resultaron luego ser falsas, el antirrealista puede concluir que el éxito empírico actual de nuestras mejores teorías científicas no puede constituir ninguna garantía de su verdad. Esta es la idea contenida en el argumento de la «inducción pesimista» formulado por Larry Laudan (1981), quien recomienda mantener una actitud agnóstica hacia nuestras mejores teorías científicas, porque pueden ser ciertas o no.

Es posible intentar defender el realismo debilitándolo: en lugar de afirmar que el éxito empírico de nuestras mejores teorías científicas se debe al hecho de que son verdaderas, tanto en los aspectos observables como en los no observables, se puede afirmar que este éxito se debe al hecho de que tales teorías son *aproximadamente* verdaderas. O se puede sugerir que el éxito empírico no consiste solo en ajustarse a los datos ya conocidos, sino también en poder predecir nuevos fenómenos. Ajustes como estos pueden reducir el número de contraejemplos, aunque no reducirlos a cero.

Otro argumento a favor del antirrealismo explota la idea de la subdeterminación (cfr. capítulo 12): dos o más teorías científicas mutuamente excluyentes pueden ser compatibles con la misma evidencia empírica por diferir en los aspectos no observables. En efecto, de acuerdo con el antirrealismo hay que admitir que dos o más teorías que postulan diferentes entidades no observables están inevitablemente subdeterminadas con respecto a los datos observacionales; en otras palabras, siempre habrá un cierto número de teorías alternativas que se refieran a entidades no observables y que podrán explicar igual de bien los mismos datos observacionales. No está claro, sin embargo, que se pueda utilizar el argumento de la subdeterminación de forma selectiva, como quiere el antirrealismo, sin admitir que hay que hacerlo extensivo a todo el conocimiento científico, al menos a todo el conocimiento referido a los objetos observables pero que de hecho nunca han sido realmente observados (como, por ejemplo, la caída de un meteorito hace miles de millones de años). Si fuese así, la subdeterminación no sería un problema relativo únicamente a lo no observable.

Una última cuestión que hay que mencionar se refiere a la (presunta) primacía epistémica de la observación. Si bien es indiscutible que la observación es capaz de proporcionarnos bases *fiables* para conocer el mundo, otra cosa es argumentar que proporciona bases *privilegiadas* o que representa la única base válida. La primacía epistémica de la observación ha sido cuestionada por quienes sostienen su teoreticidad, afirmando que nuestras observaciones, incluso las realizadas a simple vista, solo adquieren significado y relevancia en la medida en que remiten a supuestos teóricos y metodológicos preexistentes (cfr. capítulo 4). Si, por el contrario, se probara la primacía epistémica de la observación, ello constituiría una razón a favor del antirrealismo: dado que, por definición, los objetos no observables no pueden ser observados directamente, habría que mirarlos necesariamente con recelo.

14. El modelo de cobertura legal

Una de las principales características de la empresa científica es la de proporcionar explicaciones de los fenómenos que nos rodean. Por ejemplo, la física es capaz de explicar el origen del sistema solar, la paleoantropología los hábitos de vida de los australopitecinos, la biología el sistema de replicación del ADN, la medicina los mecanismos de infección y transmisión de los virus, la climatología las razones del calentamiento global, etc. Tales explicaciones no solo tienen un valor intrínseco, el de aumentar y mejorar nuestro conocimiento o comprensión del mundo, sino también, muy a menudo, un valor extrínseco adicional, por su utilidad para fines prácticos o con vistas a aplicaciones tecnológicas.

Ahora bien, ¿qué se entiende por explicación científica? ¿Qué significa afirmar que un determinado fenómeno puede explicarse en términos científicos? ¿Existe un único tipo de explicación válida para todas las ciencias?

El problema tiene orígenes muy antiguos, pero no es sino en el siglo XX cuando se sistematiza la reflexión sobre la naturaleza de la explicación científica, principalmente gracias a los trabajos de Hempel (1965), que representan la «concepción estándar» en la materia. Examinemos, por tanto, el modelo de explicación desarrollado por este autor (en el capítulo 15 se tratarán otras formas de entender la explicación científica).

Para empezar, Hempel considera que explicar un determinado fenómeno significa ser capaz de responder a una pregunta del tipo «por qué», como por ejemplo «*¿Por qué* ocurrió este fenómeno?*»*. La respuesta puede entonces consistir en mostrar que el fenómeno en cuestión ocurrió de acuerdo con «leyes de cobertura» *(covering laws)* específicas aceptadas por la comunidad científica. De ahí la etiqueta de «modelo de la ley de cobertura» o «modelo de cobertura legal». Para ser más precisos, la explicación de un fenómeno está constituida, según Hempel, por un conjunto de premisas que nos dicen *por qué* ocurrió el fenómeno, seguido de una conclusión representada por la descripción del fenómeno mismo. Desde un punto de vista terminológico, el fenómeno a explicar se denomina *explanandum,* mientras que el conjunto de premisas que lo explican se denomina *explanans:*

$$P_1 \ldots P_n \text{ (explanans)} \rightarrow C \text{ (explanandum)}$$

Por lo dicho anteriormente, entre las premisas debe aparecer al menos una ley de cobertura, mientras que las demás premisas sirven para especificar otras condiciones relevantes para la explicación (a menudo denominadas «condiciones iniciales»). Las leyes de cobertura pueden ser generales o universales: («Todo gas calentado a presión constante aumenta de volumen»; «Todos los cuerpos caen en el vacío con la misma aceleración», etc.) o estadísticas («Si tiro un dado, la probabilidad de que salga un número par es del 50%»; «Si trato con penicilina a un paciente que tiene una infección estreptocócica hay un 90% de probabilidades de que se cure», etc.). Dependiendo del tipo de leyes presentes en el *explanans,* el modelo hempeliano se puede declinar de diferentes formas.

Si las leyes tienen carácter universal y no admiten por tanto excepciones, el argumento toma la forma de una deducción y la conclusión se sigue necesariamente de las premisas. En este caso el *explanandum* es una consecuencia lógica del *explanans* y por ello el modelo se define como un «modelo nomológico-deductivo»: el término nomológico indica la presencia de leyes en el *explanans,* mientras que el término deductivo indica el nexo que existe entre el *explanans* y el *explanandum,* que es precisamente el nexo de consecuencia lógica. El esquema es el siguiente:

Leyes universales
Condiciones iniciales
_____

Fenómeno a explicar

Supongamos por ejemplo que se quiere explicar por qué el helio calentado a presión constante aumenta de volumen.

Ley universal	Todo gas calentado a presión constante aumenta de volumen
Condiciones iniciales relevantes	El helio es un gas El volumen inicial del helio en el tiempo t_0 es V_0 La presión del helio en el tiempo t_0 y en el tiempo t_1 es P_0 La temperatura inicial del helio en el tiempo t_0 es T_0 La temperatura final del helio en el tiempo t_1 es T_1 (con $T_1 > T_0$)
Fenómeno a explicar	El volumen final del helio en el tiempo t_1 es V_1 (con $V_1 > V_0$)

Es fácil comprender en qué sentido el modelo nomológico-deductivo es capaz de ofrecer una explicación del fenómeno anterior. Si pregunto: *«¿Por qué* el helio ha aumentado de volumen?»* la respuesta será: «Porque se calentó a presión constante».

Si las leyes tienen carácter estadístico, la conclusión se sigue de las premisas con una cierta probabilidad solamente. En este caso, el *explanandum* no puede ser una consecuencia lógica del *explanans* y por eso el modelo se define como un «modelo estadístico-inductivo»: el término estadístico subraya el hecho de que en el *explanans* hay leyes estadísticas, mientras que el término inductivo (usado en sentido general, como sinónimo de no deductivo) indica el vínculo que existe entre el *explanans* y el *explanandum,* que es solo probabilístico. El esquema es el siguiente:

Leyes estadísticas
Condiciones iniciales

Fenómeno a explicar

Supongamos que queremos explicar por qué Laura se recuperó de una infección estreptocócica.

Ley estadística	La probabilidad de recuperarse de una infección estreptocócica tratada con penicilina es 0,9
Condiciones iniciales relevantes	Laura tiene una infección estreptocócica A Laura se le ha administrado penicilina
Fenómeno a explicar	Laura se ha recuperado de una infección estreptocócica

En este caso también es fácil comprender en qué sentido el modelo estadístico-inductivo ofrece una explicación del fenómeno analizado. Si pregunto: «¿Por qué Laura se ha recuperado de una infección estreptocócica?» la respuesta será: «Porque a Laura se le administró penicilina» (de hecho, hay un 90% de probabilidades de que se cure por ese motivo).

Es necesario aclarar que en el modelo estadístico-inductivo la eficacia de la explicación es una «cuestión de grado», en el sentido de que una explicación es tanto más eficaz cuanto mayor es la probabilidad inductiva del argumento (la explicación, para ser tal, debe en todo caso tener alta probabilidad inductiva). Tratemos de entender por qué, modificando ligeramente el ejemplo anterior.

Ley estadística	La probabilidad de recuperarse de una infección estreptocócica tomando paracetamol es 0,001
Condiciones iniciales relevantes	Laura tiene una infección estreptocócica A Laura se le ha administrado paracetamol
Fenómeno a explicar	Laura se ha recuperado de una infección estreptocócica

En este caso no tenemos una explicación de por qué Laura se recuperó de la infección estreptocócica. Si pregunto: «¿Por qué Laura se recuperó de una infección estreptocócica?» la respuesta no puede ser: «Porque Laura tomó paracetamol» (ya que la probabilidad de que Laura se cure tomando paracetamol es cercana a cero).

Llegados a este punto podemos señalar algunas características generales del modelo de cobertura legal.

En primer lugar, dado que la explicación asume las características de un argumento de inferencia, es decir, está constituida por un conjunto de premisas seguidas de una conclusión, nos encontramos ante una concepción sintáctica de la explicación (aunque para tener una explicación propiamente dicha es necesario que las premisas sean verdaderas).

En segundo lugar, es posible establecer una simetría sustancial entre la explicación de un fenómeno (¿por qué, dadas ciertas condiciones, ocurrió el fenómeno?) y su predicción (dadas ciertas condiciones, ¿podemos predecir que el fenómeno va a ocurrir?). Explicación y predicción serían las dos caras de una misma moneda: si las leyes presentes en las premisas son capaces de esclarecer *por qué,* dadas unas determinadas condiciones iniciales, se produce el *explanandum,* también podrán establecer si, dadas unas determinadas condiciones iniciales, se puede esperar o no el *explanandum* sobre la base de estas leyes (y viceversa).

En tercer lugar, para Hempel el modelo tiene carácter universal, en el sentido de que, con los ajustes adecuados, puede aplicarse indistintamente a todas las ciencias, no solo a las naturales, sino también a las sociales y humanas (Hempel, 1963). Para comprender cómo es eso posible, es necesario en primer lugar aclarar que el modelo hempeliano debe entenderse como una idealización teórica, es decir, como una reconstrucción racional de lo que son las explicaciones que en realidad ofrecen los científicos. En la práctica científica, las explicaciones que dan a menudo los científicos no se ajustan en absoluto al modelo de cobertura legal, porque son elípticas o incompletas, en el sentido de que omiten ciertas leyes o condiciones iniciales relevantes, que en su mayoría se dan por descontadas; sin embargo, bastaría con explicitar las premisas omitidas para respetar plenamente el modelo.

En general, al modelo de cobertura legal se le ha acusado tanto de ser demasiado liberal –al dar por genuinas algunas explicaciones que difícilmente consideraríamos tales– como de ser demasiado restrictivo, al excluir explicaciones genuinas por el solo hecho de no corresponderse con el modelo.

Supongamos que queremos explicar por qué el 15 de febrero de 1961 a las 8:40 horas se produjo un eclipse solar visible desde Italia. Simplificando muchísimo, es posible ofrecer una explicación de este fenómeno haciendo referencia a la ley de la gravitación universal y a la posición de la Tierra y el Sol en un momento *previo* al eclipse, por ejemplo a las 8:40 horas del 15 de enero de 1961. En principio, sin embargo, es posible construir un argumento igual de válido utilizando la posición de la Tierra y el Sol en algún momento *posterior* al eclipse. Sin embargo, sería extraño que a la pregunta «¿Por qué el 15 de febrero de 1961 a las 8:40 horas se produjo un eclipse solar visible desde Italia?» respondiéramos diciendo «Porque a las 8:40 del *16 de julio de 1961,* la Tierra y el Sol estaban en las posiciones *X* e *Y*». De hecho, una buena explicación debería respetar la sucesión temporal: lo que viene antes explica lo que viene después, pero no al revés. El modelo de la ley de cobertura, sin embargo, no requiere que se respete ningún vínculo temporal.

Ahora imaginemos que queremos explicar por qué a las 10:00 horas del 2 de marzo de 2020 la longitud de la sombra del asta de una bandera es *x* metros. En concreto, es posible deducir la longitud de la sombra del asta a partir de las leyes de la óptica y la trigonometría, de la altura del asta y del ángulo de elevación del Sol. En principio, sin embargo, es posible construir un argumento igual de válido partiendo de nuevo de las leyes de la óptica y la trigonometría y del ángulo de elevación del Sol, pero esta vez considerando la longitud de la sombra; en este caso cabría entonces deducir –con base al modelo hempeliano, explicar– la altura del asta. Aunque se respetaría el modelo hempeliano, sería muy poco plausible pretender explicar por qué a las 10:00 horas del 2 de marzo de 2020 la altura del asta es de x metros sobre la base de la longitud de su sombra. De hecho, una buena explicación debería respetar la relación causa-efecto, en el sentido de que, razonablemente, es la causa (la altura del asta) la que puede explicar el efecto (la longitud de la sombra), no al revés. El modelo de cobertura legal, sin embargo, no requiere que se respete ningún vínculo causal.

Imaginemos ahora que queremos explicar por qué cierto individuo varón, Luca, no puede quedarse embarazado, construyendo a esos efectos un argumento que tenga como premisa la ley general según la cual nadie que tome regularmente la píldora anticonceptiva puede quedarse embarazado y el hecho de que, por alguna razón, Luca toma regularmente la píldora anticonceptiva. En ese caso podríamos explicar *por qué* Luca no se queda embarazado basándonos en el hecho de que toma regularmente la píldora anticonceptiva. Pero eso no parece una buena explicación de por qué Luca no se queda embarazado. En efecto, la respuesta que esperamos es «Porque es varón» y no «Porque toma regularmente la píldora anticonceptiva». La explicación del ejemplo no nos satisface porque las premisas son *irrelevantes* para la conclusión, a saber, el hecho de que Luca no puede quedarse embarazado. Una buena explicación debe basarse en premisas que sean relevantes para la conclusión, cosa que sin embargo no exige el modelo de cobertura legal.

En los ejemplos anteriores el modelo de cobertura legal se muestra demasiado liberal, pero también hay casos en los que resulta demasiado restrictivo. Supongamos que solo aquellos que tienen sífilis pueden padecer paresia, pero que la probabilidad de padecer paresia en casos de sífilis es muy baja, digamos 0,1. Aunque es razonable explicar que un determinado individuo padezca paresia por tener sífilis, el modelo hempeliano no lo admitiría, porque, como vimos, requiere que la probabilidad inductiva del argumento sea muy alta y por lo tanto no da adecuada cuenta de los eventos singulares o improbables. Un último problema estriba en que no es evidente que en las ciencias sociales y humanas (y también en algunas ciencias naturales, como la biología) podamos hablar de leyes en sentido estricto (cfr. capítulo 16), como requiere el modelo hempeliano.

15. Explicación científica

Aunque el modelo de cobertura legal (cfr. capítulo 14) ha representado durante mucho tiempo la «concepción estándar» sobre la naturaleza y las características de la explicación científica, el gran número de contraejemplos que se pueden encontrar ha alimentado el debate y ha dado lugar a nuevas propuestas interesantes.

De entrada, Wesley Salmon (1925-2001) sugiere que un buen modelo de explicación no puede tomar la forma de un argumento inferencial, no solo porque debe tener en cuenta el vínculo de relevancia y el de causalidad, sino también porque debe ser capaz de explicar eventos singulares o poco probables (Salmon, 1971, 1984).

Según Salmon, en un primer nivel explicar un fenómeno significa situarlo en el centro de una red de generalizaciones que sean capaces de precisar cuáles son los factores estadísticamente relevantes para dicho fenómeno, es decir, los factores que influyen de algún modo en que este ocurra o no ocurra. Por ejemplo, si quiero explicar por qué cierta persona se recuperó de una infección estreptocócica, el tratamiento con penicilina es estadísticamente relevante (en el sentido de que supone una diferencia con respecto a no administrarla), mientras que tomar paracetamol no es estadísticamente relevante (en el sentido que no supone ninguna diferencia respecto a no tomarlo). Análogamente, si quiero explicar por qué Luca no se queda embarazado, ser varón es estadísticamente relevante (supone una diferencia respecto a no serlo), mientras que tomar la píldora anticonceptiva no es estadísticamente relevante (no supone ninguna diferencia respecto a no tomarla). De esta forma, la explicación no toma la forma de un argumento inferencial, sino de un conjunto de enunciados capaces de especificar los factores estadísticamente relevantes con respecto al *explanandum*. Cabe señalar que, a diferencia del modelo hempeliano, este enfoque no requiere requisitos de probabilidad particularmente altos. Retomando un ejemplo anterior, supongamos que solo aquellos que tienen sífilis pueden padecer paresia, pero que la probabilidad de padecer paresia teniendo sífilis es muy baja. En este caso, si quiero explicar por qué un determinado individuo padece paresia, el hecho de tener sífilis sigue siendo estadísticamente relevante (en el sentido de que supone una diferencia respecto a no tenerla) y, por lo tanto, puede usarse como explicación de la paresia.

Ahora bien, para Salmon, colocar el fenómeno en el centro de una red de correlaciones estadísticas no es suficiente para tener una explicación propiamente dicha. En efecto, es necesario además distinguir entre simples correlaciones estadísticas y relaciones causales en el sentido mecanicista. Consideremos dos ejemplos.

Tratarse con penicilina es estadísticamente significativo respecto al hecho de recuperarse de una infección estreptocócica, al igual que la aguja del barómetro que se desplaza a una determinada posición es estadísticamente significativa respecto al estallido de una tormenta. Ambas correlaciones podrían sugerir la presencia de mecanismos causales, entre la penicilina y la curación, por un lado, y entre la posición de la aguja del barómetro y la tormenta, por otro. Pero si en el primer caso la correlación se basa realmente en un mecanismo causal, demostrado por los estudios moleculares, en el segundo caso no es así, ya que la causa común de ambos fenómenos es la variación de la presión atmosférica. Así pues, según Salmon solo las redes de correlaciones estadísticas que subyacen a una relación causal en el sentido mecanicista pueden considerarse explicaciones reales. En este sentido, explicar significa identificar los mecanismos causales que son responsables de la ocurrencia real de los fenómenos. Adoptar una concepción semejante de la explicación obliga a abandonar la simetría entre explicación y predicción, ya que colocar un fenómeno en el centro de una red de correlaciones estadísticas puede ser suficiente para la predicción, pero no para la explicación propiamente dicha. La idea de que explicar un fenómeno significa identificar los mecanismos causales subyacentes ha sido retomada y desarrollada por el llamado «neomecanicismo» (Machamer, Darden, Craver, 2000). Según el modelo neomecanicista, explicar un fenómeno significa en realidad mostrar *cómo* se produjo realmente; es decir, no basta con identificar las causas, sino que es necesario especificar cómo se produjo a partir de esas causas. En este sentido, la explicación neomecanicista pone el énfasis en el *cómo* frente al *porqué*.

En este tipo de explicación, el *explanandum* es el fenómeno, mientras que el *explanans* es el mecanismo que lo produce, cuya estructura interna debe ser completamente descrita. Pero ¿qué se entiende por mecanismo?

En general, por mecanismo de un determinado fenómeno puede entenderse un conjunto de «partes» o entidades organizadas que interactúan causalmente de tal forma que son responsables del fenómeno en cuestión. Este modelo explicativo describe muy bien las explicaciones utilizadas en las ciencias biológicas y las neurociencias, donde, por ejemplo, se suele recurrir a mecanismos a nivel molecular para explicar fenómenos cognitivos o conductuales como el aprendizaje, la percepción y los trastornos mentales.

Otro modelo explicativo de tipo causal, el modelo «manipulabilista», sostiene en cambio que explicar un fenómeno significa hacer explícitas las variables que, de ser manipuladas, producirían efectos sobre el fenómeno a explicar (Woodward, 2005). Dicho de otro modo, explicar significa exhibir las relaciones de dependencia contrafáctica que describen cómo cambiaría el fenómeno al cambiar los valores de las variables involucradas. Más concretamente, podemos decir que C explica causalmente E si, al intervenir sobre C, E cambia en consecuencia.

El modelo manipulabilista encaja bien con la forma en que, en ciencias empíricas como la medicina o, en general, en las llamadas «ciencias de la vida», se intenta identificar las correlaciones causales entre los fenómenos allí donde no pueden explicitarse los mecanismos. Por ejemplo, podemos explicar que un individuo en particular enferme de cáncer de pulmón sobre la base de que fumaba tabaco o de que vivía en un ambiente contaminado, siempre que podamos demostrar que, al actuar sobre el consumo de tabaco o sobre la contaminación ambiental, varía la tasa de cáncer de pulmón en una determinada población.

Un modelo explicativo diferente es el «unificacionista» (Friedman, 1974; Kitcher, 1989), basado en la idea de que explicar significa unificar una amplia gama de fenómenos, es decir, mostrar cómo un número lo más grande posible de fenómenos diferentes es consecuencia de un conjunto lo más limitado posible de principios fundamentales. De esta forma, una unificación satisfactoria es capaz de encontrar elementos comunes y mostrar conexiones entre fenómenos que antes se consideraban diferentes y desconectados. Pero, en concreto, ¿cómo debe concebirse esa unificación?

Según Kitcher, por ejemplo, la unificación consiste en utilizar repetidamente los mismos esquemas argumentativos generales para extraer una serie conspicua de conclusiones diferentes: cuanto menor sea el número de esquemas argumentativos generales requeridos y cuanto mayor sea el número de conclusiones que se puedan extraer de ellos, más unificada será la explicación asociada a ellos. Dado que para Kitcher la unificación, y por tanto la explicación, consiste en hacer «derivaciones» mediante el uso repetido de pocos esquemas argumentativos generales, concluye que, «*en cierto sentido,* toda explicación es deductiva» (Kitcher, 1989, p.448, traducción propia), adoptando así una forma de deductivismo.

El modelo de unificación es particularmente relevante en ciencias como la física, donde el objetivo suele ser encontrar principios fundamentales que sean capaces de dar cuenta de fenómenos lo más heterogéneos posible. Por ejemplo, Newton y sus sucesores proporcionaron una buena explicación del movimiento, ya que fueron capaces de unificar el movimiento celeste y terrestre a través de un número reducido de principios generales, a saber, las tres leyes del movimiento y el principio de la gravitación universal.

Para concluir, hay que mencionar que los modelos de explicación científica aquí esbozados –y otros, como el modelo estructural o el funcional, que se omiten por razones de espacio– no deben verse como mutuamente excluyentes, sino que pueden convivir con el trasfondo de un pluralismo explicativo.

16. Leyes

Muchas teorías científicas se basan en principios que describen generalizaciones sobre el comportamiento de ciertas entidades. Por ejemplo, la ley de la gravitación universal, formulada por Newton, describe la fuerza de atracción entre dos cuerpos en el universo, mientras que las leyes de Mendel describen las bases de la herencia de los caracteres biológicos.

En una primera aproximación se tiende a pensar que las leyes científicas son *universalmente* verdaderas, es decir, que se aplican a toda entidad del tipo descrito, sin excepciones. En una de las formulaciones de la segunda ley de la termodinámica, por ejemplo, se afirma que la entropía de un sistema aislado, lejos del equilibrio térmico, tiende a aumentar hasta alcanzar el equilibrio. Dada la generalidad de esta afirmación, se supone que la entropía de *cualquier* sistema que tenga las características anteriores tenderá a aumentar con el tiempo. Consideraciones similares parecen válidas para muchas leyes científicas, como las leyes de Kepler, las tres leyes del movimiento de Newton, la ley de Lavoisier, la ley de Gauss, etc. Sin embargo, existen también leyes de tipo probabilístico, como la ley que especifica la probabilidad de curación de una infección estreptocócica tratada con penicilina.

En este capítulo analizaremos tres cuestiones filosóficas relativas al concepto de ley: *a)* ¿Cuáles son las características generales de una ley científica? *b)* ¿Cuál es el papel de las leyes dentro de las teorías y prácticas científicas? *c)* ¿Existen leyes en las llamadas «ciencias especiales», como la biología, la psicología y la sociología?

En el debate filosófico se tiende sobre todo a distinguir entre leyes, por un lado, y enunciados que son universalmente verdaderos, pero solo por razones *accidentales,* por otro. Supongamos que el enunciado «Todos los estudiantes y las estudiantes de filosofía tienen gafas» fuese verdadero. Aunque, por hipótesis, es una generalización universalmente cierta, sería extraño pensar que existe un principio en virtud del cual todos los estudiantes de filosofía deben tener algún defecto de la vista. En otras palabras, el enunciado sería verdadero por puro accidente. Por el contrario, el enunciado «Ningún objeto dotado de masa puede acelerar hasta la velocidad de la luz», que forma parte de la teoría de la relatividad de Einstein, parece ser universalmente cierto en virtud de alguna razón más «fundamental» y no por puro accidente. En este sentido, el papel de la ciencia debería consistir en distinguir entre leyes y generalizaciones puramente accidentales. Esto también sería importante a nivel epistémico, ya que nos permitiría explicar y predecir el comportamiento de las entidades o fenómenos descritos por estas leyes. Pero ¿existe realmente una distinción clara entre las dos cosas?

No es difícil imaginar generalizaciones que parecen leyes pero que no lo son en absoluto. Un ejemplo clásico discutido por Van Fraassen (1989) se refiere al oro y al uranio. Consideremos los dos enunciados siguientes:

1. Todas las esferas de oro tienen un diámetro inferior a un kilómetro.
2. Todas las esferas de uranio tienen un diámetro inferior a un kilómetro.

Aunque ambos enunciados son universalmente ciertos, el primero no puede considerarse una ley mientras que el segundo probablemente sí. Veamos por qué. El hecho de que en la naturaleza no existan esferas de oro con un diámetro superior a un kilómetro es puramente accidental, dependiendo de la contingente distribución espacial del oro en nuestro planeta. En principio, sin embargo, podría suceder que se reuniera todo el oro del mundo en una gran esfera, lo cual falsaría el primer enunciado. Por el contrario, una esfera de uranio con un diámetro superior a un kilómetro no puede existir en la naturaleza, ni siquiera en principio: y es que tal concentración de uranio sería significativamente mayor que la masa crítica capaz de desencadenar una reacción nuclear. Por lo tanto, el segundo enunciado es universalmente cierto por razones más «fundamentales», referentes a la naturaleza misma del uranio, y no por razones puramente accidentales.

Otro problema relacionado con la definición de ley es que muchos enunciados científicos no son universalmente verdaderos pero expresan sin embargo *regularidades* que son válidas siempre que se den ciertos parámetros o idealizaciones, como los que se pueden introducir en un entorno experimental. Por ejemplo, las leyes de Mendel describen regularidades que son válidas en el diseño experimental específico proyectado por Mendel; no son verdaderas leyes de la herencia, exentas de excepciones (cfr. capítulo 5).

Incluso fenómenos aparentemente universales pueden estar sujetos a condiciones de contorno específicas. Por ejemplo, aunque el lenguaje es una facultad universal de nuestra especie, se sabe que el desarrollo lingüístico humano está ligado de manera crucial a ciertas influencias ambientales. Por lo tanto, es posible que ciertas aptitudes lingüísticas no se desarrollen adecuadamente, o no se desarrollen en absoluto, en ausencia de ciertos estímulos sociales, especialmente en las primeras etapas de la vida. En contextos semejantes se suele introducir la cláusula *ceteris paribus,* según la cual una determinada ley es verdadera «a igualdad de las demás condiciones». Para explicarlo, consideremos la relación entre fumar y el cáncer. La aparición del cáncer es un fenómeno complejo en el que pueden intervenir tanto influencias ambientales como diferencias individuales a nivel genético. Por lo tanto, fumar puede o no causar cáncer dependiendo de qué otros factores estén involucrados, factores que pueden estar relacionados, por ejemplo, con los hábitos alimenticios, el estrés y otros productos químicos presentes en el medio ambiente. Para dar cuenta de esta complejidad se tiende a subrayar que fumar es, *ceteris paribus,* una de las causas del cáncer; con esto se quiere decir que, en igualdad de condiciones, el hábito de fumar tiende a provocar cáncer.

Lo dicho anteriormente sugiere que incluso enunciados que parecen universalmente verdaderos pueden admitir excepciones. A ese respecto debe tenerse en cuenta que dentro de una teoría científica rara vez se explicitan todas las condiciones de contorno. Por ejemplo, sabemos que el agua hierve a 100 °C en la Tierra, mientras que en Venus o Marte las cosas serían diferentes; sin embargo, casi nunca se especifica ese detalle. Si tuviéramos que hacer siempre explícitas todas las condiciones de contorno, probablemente nos daríamos cuenta de que muchas de las leyes científicas que creemos que son universalmente verdaderas no lo son en absoluto. En virtud de consideraciones similares, Cartwright (1980) ha argumentado que las leyes no son en modo alguno regularidades exentas de excepciones.

Examinemos ahora brevemente el papel que las leyes pueden jugar dentro de las teorías y prácticas científicas, reenviando a los capítulos relevantes para más información. Goodman (1955), por ejemplo, se concentra en la relación entre enunciados legiformes y la posibilidad de confirmar generalizaciones inductivas (cfr. capítulo 8). Según Goodman, los enunciados legiformes pueden confirmarse mediante inferencia inductiva, mientras que esto no ocurre con las generalizaciones accidentales. Hempel y Oppenheim (1948) se centran en cambio en el poder explicativo de las leyes, es decir, en su papel dentro de la explicación científica. El modelo de cobertura legal de Hempel (1965), en particular, se basa en la idea de que explicar o predecir un determinado fenómeno significa referirlo a alguna ley, ya sea universal o probabilística (cfr. capítulo 14).

Antes de concluir es preciso preguntarse si existen leyes en otros campos distintos de la física y la química. Los principios relativos a la psicología individual o al comportamiento de grandes grupos de individuos parecen en realidad involucrar tantos factores contingentes que es difícil hacer una interpretación «legiforme» de los enunciados de la psicología y la sociología. Por otra parte, muchas de las generalizaciones de la biología, como ya dijimos, no se asemejan a leyes universales sino a regularidades. A ese respecto, Ernst Mayr (1904-2005), por ejemplo, sostiene que en biología las leyes juegan un papel marginal, ya que esta disciplina se basa más que nada en conceptos, como los de especie, selección natural, ecosistema y función, y no en leyes (Mayr, 2004). Según Mayr, esta peculiaridad de la biología permite también garantizarle cierta autonomía respecto a una disciplina como la física en la que las leyes juegan un papel preponderante (cfr. capítulo 3).

La eventual ausencia de leyes ¿debe llevarnos a creer que no es posible formular buenas generalizaciones en las ciencias biológicas, psicológicas y sociales? En realidad, conseguir identificar simples regularidades en los fenómenos naturales puede ser suficiente para justificar muchas inferencias inductivas útiles. Por ejemplo, la ley de la oferta y la demanda en economía nos permite predecir el comportamiento de grupos de individuos con relativa precisión, aunque ciertamente con algún grado de incertidumbre. Incluso regularidades en cierto modo accidentales pueden desempeñar un papel importante en la ciencia, facilitando la formulación de generalizaciones y predicciones. Veamos un ejemplo de la biología evolutiva. Todo ser humano tiene una estructura anatómica simétrica, es decir, basada en un eje central a cuyos lados se desarrollan estructuras análogas que incluyen, por ejemplo, dos ojos, dos oídos, dos miembros superiores y dos miembros inferiores. Si bien se trata de una verdadera generalización, sería controvertido argumentar que existe alguna ley biológica según la cual los humanos no pueden tener una estructura asimétrica. La existencia de regularidades de este tipo nos permite en cualquier caso explicar y predecir muchos aspectos del desarrollo humano y, por tanto, puede jugar un papel muy útil en el plano epistemológico.

17. Géneros naturales

Una de las principales actividades de la ciencia es identificar y clasificar los propios objetos de estudio, para luego aplicar sobre ellos las distintas elaboraciones teóricas. La química es un ejemplo paradigmático: basta pensar en la tabla periódica de los elementos, que enumera todos los constituyentes fundamentales de la naturaleza en función de su número atómico, es decir, el número de protones presentes en el átomo: hidrógeno, helio, litio, etc. (hasta la fecha se han identificado hasta 118 elementos químicos). Una forma bastante común de pensar acerca de los objetos de la ciencia es creer que existen en la naturaleza, que de alguna manera ya están «reagrupados» en géneros, como el helio o el litio, esperando a ser descubiertos. En resumen, los objetos de la ciencia corresponderían a «clases naturales», es decir, a tipos de entidades que existen independientemente de nuestras conceptualizaciones y prácticas científicas. Para explicar este aspecto se suele hacer referencia a la idea, ya presente en el *Fedro* de Platón, de «dividir la naturaleza según sus articulaciones»: es decir, el mundo estaría articulado según ciertas relaciones y conexiones naturales, igual que el sistema muscular de un animal se caracteriza por partes bien distintas y organizadas alrededor de huesos y articulaciones.

Si bien la noción de géneros naturales parece de entrada intuitiva, encontrar una definición adecuada o establecer si la ciencia es realmente capaz de identificar entidades de este tipo ha resultado ser una tarea todo menos sencilla, que implica también otros debates filosóficos como los del realismo científico (cfr. capítulo 13) y el papel de los valores dentro de la ciencia (cfr. capítulo 18).

Las principales cuestiones relativas a los géneros naturales pueden analizarse desde dos puntos de vista que, aunque están relacionados entre sí, es útil examinar por separado: el ontológico y el epistemológico. Por un lado, cabe plantearse efectivamente la objetividad de las clasificaciones científicas, preguntándose si existen cosas como los géneros naturales y, en caso afirmativo, cuáles son (entre los posibles candidatos podrían estar, además de los elementos químicos, las partículas elementales, las especies biológicas o las enfermedades). Por otro lado, cabe preguntarse si los géneros naturales pueden influir en el razonamiento científico, en particular en nuestras inferencias, generalizaciones y predicciones inductivas, y en caso afirmativo de qué manera.

Desde el punto de vista ontológico, el debate sobre los géneros naturales se ha desarrollado en torno a dos formas opuestas de caracterizarlos: el realismo y el convencionalismo. El realismo sostiene que existen divisiones naturales entre las diferentes «cosas» del mundo y que el objetivo de la ciencia es precisamente identificar esas divisiones, «descubrir» cuáles son los géneros naturales. En este sentido, la decisión de adoptar o no un género natural dentro de una determinada teoría científica estaría basada en cómo está hecho realmente el mundo. Por otro lado, el convencionalismo sostiene que no existen divisiones naturales entre las diferentes «cosas» del mundo y que, en consecuencia, ninguna clasificación puede considerarse más natural que otra. Según esta perspectiva, los géneros naturales serían no tanto descubiertos como «construidos», y la decisión de aceptar o no un género natural dentro de una determinada teoría científica estaría basada en razones puramente convencionales.

Para el realismo, por ejemplo, la decisión de referirse a solo dos categorías sexuales, macho y hembra, podría depender del hecho de que existen procesos causales que generan claras diferencias entre los organismos macho y hembra; por el contrario, para el convencionalismo las razones que conducen a la distinción entre machos y hembras así como a la exclusión de otras categorías sexuales podrían radicar en ciertas convenciones ligadas a la práctica científica (Borghini, Casetta, 2012) o, para algunos autores y algunas autoras, a aspectos culturales y sociales.

Muchos filósofos y muchas filósofas de la ciencia han sostenido en realidad posiciones a medio camino entre el realismo y el convencionalismo. Ian Hacking (1999), por ejemplo, admite que hay clasificaciones que reflejan divisiones más naturales que otras. En particular, las clasificaciones de las ciencias sociales y psicológicas serían contingentes y transitorias, dependiendo de instituciones y fenómenos culturales. Géneros como los mileniales *(millennials),* los desempleados o los afectados de trastornos mentales (esquizofrenia, anorexia, alcoholismo, etc.) serían para Hacking géneros «sociales» más que naturales, ya que necesitan un «nicho histórico-social» específico para ser identificados. También se caracterizarían por el llamado efecto *bucle.* Por poner un ejemplo: el hecho de que practicar compulsivamente juegos de azar se considere hoy una conducta psicopatológica puede tener efectos indirectos sobre la conducta de las personas diagnosticadas de ludopatía, así como sobre las instituciones de nuestra sociedad que se ocupan de ella, cosa que, a lo largo de tiempo o a largo plazo, podría modificar la propia categoría diagnóstica del juego compulsivo.

Cabe señalar que la cuestión central no es tanto establecer si las categorías científicas *en general* son de origen natural o social, sino determinar en qué medida los factores sociales influyen en una determinada ontología o clasificación adoptada dentro de una disciplina. Uno puede preguntarse, por ejemplo, si y en qué medida la clasificación de los organismos vivos en diferentes especies refleja divisiones biológicas reales (determinadas por la historia evolutiva) o similitudes y diferencias superficiales; si la clasificación psiquiátrica actual de los trastornos mentales es válida a la luz de los datos disponibles en la actualidad sobre las bases cerebrales de estos trastornos; si la clasificación tradicional de las llamadas «emociones básicas», ampliamente adoptada en las neurociencias, es fiable, etc.

Vayamos ahora a los aspectos epistemológicos del debate sobre los géneros naturales y, en particular, a la cuestión de si una determinada clasificación es capaz de respaldar de forma fiable los razonamientos científicos. Por ejemplo, la taxonomía actual de los mamíferos parece apoyar bastante bien el razonamiento inductivo, en el sentido de que nos permite inferir las características de un organismo aún no observado a partir de las observaciones realizadas previamente sobre organismos del mismo tipo. En otras palabras, no es necesario observar un tigre siberiano para inferir que, al igual que otras subespecies de tigres, lo más probable es que tenga pelaje rayado, vibrisas muy gruesas y caninos largos.

La interpretación de los géneros naturales en términos de categorías que soportan la inducción –interpretación propuesta por Quine (1969) entre otros– es sin embargo una caracterización bastante débil, en el sentido de que es incapaz de discriminar entre, por un lado, géneros naturales, reales y, por otro, objetos que se limitan a compartir algunas propiedades superficiales relevantes. Por ejemplo, como ya señaló John Stuart Mill (1806-1873), muchos objetos pertenecen a la categoría de «objetos blancos», y ciertamente sería posible que tal categoría fuese capaz de soportar el razonamiento inductivo. Sin embargo, tendría poco sentido suponer que representa un género natural en pie de igualdad con una categoría como la de «tigre» (Mill, 1843).

Teniendo en cuenta esta dificultad, es importante aclarar en virtud de qué características los géneros naturales son realmente capaces de apoyar la inferencia inductiva. En consecuencia, se ha intentado elaborar teorías de los géneros naturales que hicieran referencia a nexos causales «subyacentes» o incluso a «esencias» ocultas (Putnam, 1975a). Un ejemplo: desde un punto de vista biológico, sabemos que las propiedades superficiales u observables de los tigres (entre ellas el pelaje rayado, las gruesas vibrisas y los largos caninos) son rasgos fenotípicos que están causalmente determinados por procesos biológicos que tienen lugar a nivel celular, molecular y genético. La presencia de tales propiedades «profundas» podría entonces explicar por qué la taxonomía biológica actual es capaz de soportar la inducción: podemos inferir inductivamente que un tigre siberiano nunca observado tendrá casi las mismas propiedades que los tigres que ya conocemos, ya que todos los tigres tienen un genotipo similar.

Sin embargo, puede ocurrir que un determinado individuo tenga características diferentes de otros individuos del mismo género natural, pero que aun así no deje de pertenecer a ese género. Por ejemplo, un tigre que naciera sin caninos seguiría perteneciendo al género natural «tigre», aunque se desvía significativamente de sus semejantes.

Para dar cuenta de este aspecto, algunos filósofos y filósofas han hecho referencia al vínculo genealógico que existe entre individuos de una misma especie, vínculo que les garantizaría la pertenencia al mismo género, a pesar de eventuales diferencias intraespecíficas (Griffiths, 1999; Millikan, 1999). Por otro lado, hay quienes han pensado en conceptualizar las clases naturales en términos de *clusters* o «cúmulos» de propiedades. Richard Boyd (1991), por ejemplo, concibe los géneros naturales como grupos de propiedades que se mantienen unidas por algún mecanismo causal subyacente. En concreto, este mecanismo sería «homeostático», porque permitiría una cierta variabilidad dentro del cúmulo sin que ello modifique sin embargo la identidad general del propio cúmulo. Retomando el ejemplo anterior, el mecanismo homeostático planteado como hipótesis por Boyd podría explicar el hecho de que incluso un tigre nacido sin caninos seguiría siendo un tigre.

Antes de concluir hay que subrayar la importancia de no confundir la objetividad de un género natural o de una clasificación particular, es decir su independencia de nuestra mente *(mind-independence),* con el hecho de que pueden existir intereses, tanto epistémicos como pragmáticos, involucrados en su adopción *(interest-dependence).* Podría argumentarse, por ejemplo, que la nosología psiquiátrica actual capta ciertos aspectos «reales» del funcionamiento de la mente humana y que por tanto los trastornos mentales existen independientemente de que se conceptualicen de una manera u otra, sosteniendo al mismo tiempo que esta clasificación refleja algunos de nuestros intereses particulares, como el de diagnosticar y tratar los trastornos mentales con la mayor precisión y eficacia posible. Un último aspecto que es importante examinar se refiere precisamente al papel de los intereses epistémicos y de los objetivos pragmáticos en la adopción de una determinada ontología, intereses y objetivos que también podrían ser específicos de una determinada época o disciplina.

Según Dupré (1993), por ejemplo, la estructura causal del mundo es tan compleja que legitima tanto la constitución como la adopción de múltiples clasificaciones alternativas y parcialmente superpuestas, en función de los intereses epistémicos y las metas pragmáticas de cada momento. En otras palabras, diferentes disciplinas científicas y áreas del saber tendrían a menudo intereses y objetivos específicos que llevarían a captar distintas propiedades o regularidades del mundo externo, así como a conceptualizar géneros naturales alternativos. De ese modo se podrán tener clasificaciones contrastantes, pero consideradas todas ellas igual de «naturales». Si examinamos la clasificación de las plantas adoptada en botánica, por ejemplo, podemos ver de inmediato que es bastante diferente de la adoptada en el ámbito cultural: mientras que la primera pretende categorizar las plantas sobre la base de sus propiedades biológicas, tales como aspectos estructurales y características genéticas, o su historia evolutiva, la segunda se basa en aspectos relacionados con las prácticas culinarias y el mercado alimentario. Dicho esto, según la visión pluralista propuesta por Dupré, ambas clasificaciones son igual de objetivas, aunque reflejan intereses y finalidades diferentes.

18. Valores

Según una idea bastante extendida y de sentido común, la empresa científica debe configurarse completamente libre de juicios de valor. Es decir, como la ciencia pretende conocer el mundo tal como es, o al menos ser empíricamente adecuada y hacer predicciones útiles y fiables (cfr. capítulo 13), debe basarse exclusivamente en la evidencia empírica y el buen razonamiento, dejando de lado cualquier valor cultural, ético, económico, político o estético. De hecho, el ideal de la ciencia libre de valores *(value-free science)* es algo que se ha perseguido desde hace mucho tiempo, tanto en el campo científico como en el filosófico. Ahora bien, ¿es realmente posible y deseable eliminar los valores de la empresa científica? Para responder, es necesario primero distinguir entre valores «epistémicos» y «no epistémicos», ya que el ideal de la ciencia libre de valores generalmente se refiere solo a los valores no epistémicos.

Los valores epistémicos (o cognitivos, o constitutivos) son las características de una teoría científica que pueden ser indicativas de su verdad, o al menos de su adecuación empírica, de su capacidad predictiva y de resolución de problemas; en este sentido, los valores epistémicos se consideran características deseables de una teoría científica. Kuhn (1962) fue uno de los primeros en subrayar que –debido a la teoreticidad de la observación y al carácter sociohistórico de la empresa científica– la evaluación y elección de las teorías científicas no puede basarse exclusivamente en la lógica y la observación (cfr. capítulo 11). En efecto, según Kuhn (1977) las teorías deben evaluarse tratando de equilibrar una serie de valores llamados precisamente epistémicos: precisión empírica, coherencia interna, amplitud del ámbito de aplicación, simplicidad y fecundidad.

La precisión empírica indica la capacidad de una teoría para explicar la evidencia empírica disponible (aunque es posible que existan teorías empíricamente equivalentes (cfr. capítulo 12). La coherencia interna se refiere al hecho de que una teoría no contenga contradicciones. La amplitud del ámbito se refiere a la capacidad de una teoría para ser aplicada a dominios diferentes y lo más generales posible (en este sentido, por ejemplo, la teoría de la relatividad de Einstein tiene un ámbito de aplicación más amplio que la mecánica clásica de Newton). La simplicidad, por su parte, se refiere al hecho de no contener hipótesis redundantes y de tener una formulación ágil y elegante. Finalmente, la fecundidad indica la capacidad de una teoría de proporcionar explicaciones adicionales que vayan incluso más allá de los fenómenos incluidos en la teoría, así como de abrir nuevos horizontes de investigación.

Posteriormente ha habido varias propuestas para modificar o enriquecer la lista de valores epistémicos propuesta por Kuhn. Ernan McMullin (1983), por ejemplo, propuso reemplazar la amplitud del ámbito de aplicación por otros dos valores epistémicos, la coherencia externa y el poder unificador: en el primer caso se habla del grado en que una teoría científica encaja en el amplio contexto teórico del que forma parte, al que pertenecen no solo otras teorías científicas sino también principios metafísicos más profundos; en el segundo caso se hace referencia a la capacidad de una teoría de unificar diferentes explicaciones, provenientes de otras teorías menos generales. En cualquier caso, se trata de valores epistémicos similares a los propuestos por Kuhn. Helen Longino (1995), por el contrario, propone valores epistémicos bastante diferentes, sustituyendo por ejemplo la coherencia externa por la novedad, y la simplicidad por la heterogeneidad ontológica. Longino sugiere así dar preferencia, por un lado, a las teorías científicas que no encajan con las ya presentes en el mismo campo disciplinario o que incluso contrastan con ellas, proponiendo nuevos modelos explicativos y marcos de referencia, y por otro lado a las teorías que abrazan ontologías complejas y diversificadas.

Independientemente de estas diferencias, cabe señalar que muchos autores y autoras coinciden en que hay características de las teorías científicas que son deseables y juegan un papel fundamental en su evaluación: los valores epistémicos. La ciencia, en este sentido, no puede estar totalmente libre de valores. El ideal de la libertad de valores tiene que ver con los valores no epistémicos. Veámoslos más en detalle.

Los valores no epistémicos (o no cognitivos o contextuales) son muy heterogéneos porque incluyen todos los valores que intuitivamente se consideran extracientíficos, como los morales, sociales, religiosos, políticos, estéticos y económicos: aumentar el bienestar de la sociedad, promover la salud, mejorar las condiciones de los grupos subordinados y marginados, generar beneficios para la sociedad o para grupos particulares, promover la cohesión social o la igualdad, mantener el *statu quo,* apoyar una determinada creencia religiosa, etc. Estos valores se consideran no epistémicos porque no parecen guardar relación con los objetivos reales de la empresa científica, cuyo objetivo es ofrecer descripciones verdaderas del mundo, o al menos empíricamente adecuadas, y predicciones fiables. De hecho, quienes sostienen el ideal de una ciencia libre de valores consideran que los valores no epistémicos pueden poner en peligro el logro de estos objetivos y, por lo tanto, deben ser eliminados de la empresa científica.

Aunque la distinción entre valores epistémicos y no epistémicos parece intuitiva, hay filósofos y filósofas para quienes no es en modo alguno clara y precisa. Sostienen, por un lado, que al menos algunos valores epistémicos están influidos por consideraciones de tipo no epistémico. Valores tradicionalmente considerados epistémicos, como la simplicidad y la fecundidad, podrían de hecho ser interpretados de manera diferente según el contexto cultural, político, religioso, etc. (Rooney, 1992).

Por otro lado, consideran que al menos algunos valores no epistémicos son epistémicamente deseables ya que, al igual que los valores epistémicos, son indicativos de la verdad o al menos de la capacidad predictiva de una teoría científica (Longino, 2004). En resumen, habría valores no epistémicos «buenos» y valores no epistémicos «malos»: los valores democráticos se consideran generalmente «buenos», ya que promueven la libertad de investigación científica y la confrontación crítica entre teorías, mientras que los valores antidemocráticos se consideran «malos», ya que imponen dogmas, sofocando la libertad de pensamiento y frenando el intercambio de ideas; lo mismo es cierto, respectivamente, para los valores antisexistas y sexistas, para los antirracistas y racistas, para los anticlasistas y clasistas, para los antietnocéntricos y etnocéntricos, etc.

En todo caso, el ideal de la neutralidad axiológica de la ciencia presupone que sea posible distinguir entre valores epistémicos y no epistémicos, y afirma que estos últimos deben ser excluidos de la práctica científica, por no ser epistémicamente deseables. En este sentido sería una tesis normativa y no descriptiva: aun cuando de hecho los valores no epistémicos estén muy presentes en la práctica científica (cosa probablemente cierta), *no deberían* estarlo, es decir, *deberían* ser excluidos. Sin embargo, para que no se convierta en un ideal inalcanzable, puede reformularse también en términos descriptivos, diciendo que los valores no epistémicos *pueden* excluirse de la práctica científica, al menos en principio. Pero es necesario aclarar de qué aspectos de la práctica científica deberían excluirse los valores no epistémicos.

Hugh Lacey (1999) ha distinguido tres modos de declinar el ideal de la neutralidad axiológica de la ciencia, en función de los aspectos de la práctica científica que se piense que deben estar libres de valores no epistémicos (o que, al menos en principio, pueden estarlo). Concretamente, Lacey habla de:

- *autonomía* de la ciencia: la elección de las cuestiones, metodologías y estrategias de investigación científica no debe estar influida por valores no epistémicos;
- *neutralidad* de la ciencia: las teorías científicas y sus aplicaciones no deben favorecer o apoyar ninguna perspectiva de valores en detrimento de otras;
- *imparcialidad* de la ciencia: los valores no epistémicos no deben jugar ningún papel en la aceptación completa de una teoría científica.

Empezando por la autonomía, aunque es razonable pedir que las instituciones científicas sean independientes de los poderes económicos, políticos y religiosos (financiaciones privadas, vetos políticos/religiosos, etc.), también es deseable que los valores no epistémicos jueguen un papel decisivo en la elección de las cuestiones, metodologías y estrategias de investigación de las diversas ciencias. Y ello no solo para dirigir la investigación científica hacia donde más se necesita, como durante la pandemia de COVID-19, sino también para evitar prácticas científicas aberrantes, como las del nazismo.

En cuanto a la neutralidad, es plausible defender que los resultados científicos no deberían obligar a elegir determinados sistemas de valores antes que otros. Sin embargo, aceptar la neutralidad de la ciencia *in toto* significaría una separación neta entre los hechos (es decir, los resultados empíricos proporcionados por las ciencias) y nuestros juicios sobre la bondad o no bondad de ciertas perspectivas axiológicas. Lo cual podría no ser siempre oportuno, ya que los resultados científicos pueden a veces ser relevantes para justificar los valores adoptados por una sociedad (Anderson, 2004). Por ejemplo, el descubrimiento de que los animales no humanos pueden sufrir puede contribuir a favorecer determinadas políticas ganaderas o de producción alimentaria.

Pero el ideal de la ausencia de valores en la ciencia se refiere principalmente a lo que Lacey llama la imparcialidad de la ciencia, es decir, la idea de que los valores no epistémicos no deberían desempeñar ningún papel en la plena aceptación de una teoría científica. En este sentido, apoyar la imparcialidad de la ciencia significa afirmar que a la hora de evaluar y justificar racionalmente una teoría científica o elegir entre teorías científicas alternativas debemos remitirnos únicamente a la evidencia empírica, a la lógica y al equilibrio de los valores epistémicos, sin permitir que intervengan los valores no epistémicos. Para quienes abogan por la imparcialidad de la ciencia, los valores no epistémicos están por tanto desligados de la verdad, de la adecuación empírica o de la capacidad predictiva de las teorías y, por tanto, no pueden aportar ninguna información relevante para la plena aceptación de estas; al contrario, podrían ser perjudiciales y comprometer la fiabilidad de nuestra evaluación.

El ideal de la imparcialidad de la ciencia ha sido durante mucho tiempo el paradigma indiscutible dentro de la filosofía de la ciencia, ligado claramente a la distinción tradicional entre el contexto del descubrimiento y el de la justificación (cfr. capítulo 11). Es, sin duda, un ideal atractivo, ya que recupera la imagen de la ciencia como una empresa capaz de proporcionar un conocimiento objetivo, no contaminado y autorizado del mundo que nos rodea. Por otro lado, excluir por principio todos los valores no epistémicos en la evaluación y elección de las teorías científicas podría privar a la empresa científica de algunos factores importantes y deseables que también son indicativos de la verdad, la adecuación empírica o la capacidad predictiva de las teorías científicas (cfr. capítulo 20).

19. Cambio científico

Todas las disciplinas científicas están objetivamente caracterizadas por un cambio continuo y constante que consiste tanto en la revisión de las teorías existentes como en la sustitución de las viejas teorías por otras nuevas. Pero ¿cómo se puede describir este cambio?

De acuerdo con la «concepción convencional», el cambio científico es acumulativo y progresivo. La ciencia, por un lado, se caracterizaría por nuevos descubrimientos que se van sumando a los anteriores y, por otro lado, iría descubriendo cada vez más verdad, o tendería a acercarse progresivamente a ella; en caso de errores, las teorías equivocadas se sustituyen por teorías correctas. Recurriendo a una metáfora, la ciencia sería como un río cuyo caudal va creciendo gradualmente por la aportación de todos los afluentes, que serían las distintas teorías científicas individuales. La idea de una ciencia que avanza a base de acumular nuevas verdades descubiertas a partir de las antiguas puede parecer plausible, pero fue objeto, a mediados del siglo pasado, de serias críticas por parte de filósofos como Thomas Kuhn, Imre Lakatos (1922-1974) y Paul Feyerabend (1924-1994). A continuación, nos limitaremos a analizar la posición de Kuhn (1962), ya que representa el punto de referencia para todas las discusiones posteriores sobre el cambio y el progreso científico.

El trabajo de Kuhn parte del análisis de la alternancia teórica, es decir, de la forma en que una vieja teoría científica es sustituida por otra nueva y luego abandonada. El objeto de la investigación de Kuhn son las grandes revoluciones científicas; al estar caracterizadas por la sustitución de todo un edificio teórico, implican un cambio radical en la visión científica del mundo, al menos en determinadas áreas de la ciencia. Algunos ejemplos canónicos son la transición de la teoría ptolemaica a la copernicana en astronomía, de la mecánica clásica a la relativista en física y del creacionismo al evolucionismo en biología.

Dado que las revoluciones científicas son relativamente poco frecuentes en la historia de la ciencia, para comprender cómo las nuevas teorías suceden a las antiguas es necesario primero aclarar cómo se estructura la empresa científica fuera de los períodos revolucionarios, es decir, durante las fases que Kuhn define como de «ciencia normal». Durante esos períodos, los científicos trabajan dentro de un marco teórico y conceptual bien establecido, proporcionado por el «paradigma» de referencia.

Kuhn ofrece distintas definiciones de «paradigma», pero en términos generales puede entenderse como un complejo sistema de referencia –lingüístico, conceptual, axiológico y explicativo– que une a toda la comunidad de una determinada disciplina científica, definiendo no solo la forma de hacer ciencia sino también de ver el mundo. En un sentido más restringido, el paradigma puede entenderse como un modelo, es decir, como un ejemplo paradigmático que puede tomarse como modelo y aplicarse analógicamente para resolver problemas similares (por ejemplo, el paradigma heliocéntrico puede tomarse como modelo y aplicarse también a la física atómica para describir la estructura del átomo). Una aclaración: según Kuhn cada disciplina científica tiene en cada momento su propio paradigma único y específico.

Compartir un paradigma es lo que caracteriza a la ciencia normal. En efecto, los científicos de una determinada época, al aceptar todos ellos el mismo paradigma, pueden observar las mismas cosas y reconocer las mismas similitudes/diferencias, ya que interpretan las observaciones dentro del mismo sistema de referencia. En segundo lugar, la labor científica durante los períodos de ciencia normal, labor que Kuhn define como una actividad de «resolución de rompecabezas» *(puzzle-solving)*, es posible gracias a las herramientas, conceptos, métodos y estándares que ofrece el paradigma de referencia: por mucho éxito que tenga un paradigma, siempre habrá elementos que completar, evidencia empírica recalcitrante que acomodar, etcétera, manteniéndose siempre dentro del mismo paradigma. En resumen, durante el período de ciencia normal se tiende a perfeccionar cada vez más el paradigma, completando sus detalles, resolviendo rompecabezas y ampliando su campo de aplicación, pero tratando de modificar el paradigma lo menos posible. En todo caso, durante toda esta labor el paradigma y sus fundamentos nunca son cuestionados y siguen representando siempre el marco de referencia de la práctica científica.

Ahora bien, en cierto momento pueden aparecer dentro del paradigma verdaderas anomalías, es decir, fenómenos que son imposibles de reconciliar con aquél. Durante un tiempo suelen ser ignoradas, pero poco a poco pueden hacerse cada vez más numerosas y evidentes, resquebrajando la solidez del paradigma e iniciando un período de crisis. Durante este período pueden aparecer hipótesis y teorías enfrentadas con el paradigma, iniciándose esa fase que Kuhn llama de «ciencia extraordinaria» o «revolucionaria». La presencia de dos paradigmas rivales provoca acalorados debates y enfrentamientos entre sus respectivos defensores, hasta que, con el tiempo, se llega a la consolidación de un nuevo paradigma, radicalmente diferente del anterior.

Consideremos, por ejemplo, el paradigma ptolemaico, un paradigma robusto y bien establecido que caracterizó a la astronomía hasta el siglo XVII. Durante mucho tiempo se trabajó para perfeccionarlo cada vez más, obteniendo grandes éxitos y logrando acomodar las eventuales observaciones discrepantes. Pero llegado cierto momento aparecieron datos observacionales (como las anomalías en las fases de Venus) que quebraban la solidez del paradigma, porque requerían el uso de un número cada vez mayor de hipótesis *ad hoc,* como la de los epiciclos. El paradigma ptolemaico entra así en crisis, pero eso no basta aún para cuestionarlo: de hecho, es necesario formular un paradigma diferente, en este caso el copernicano, que sea capaz de ofrecer una alternativa plausible y eficaz.

Los dos paradigmas chocan, y en un período relativamente corto el copernicano se consolida y reemplaza al ptolemaico.

Analicemos ahora con más detalle cómo el nuevo paradigma puede imponerse al anterior. Para empezar, la transición del viejo al nuevo paradigma no puede producirse únicamente sobre la base de la observación y el razonamiento lógico. En efecto, para Kuhn no existen experimentos cruciales (cfr. capítulo 11): cuando un experimento se etiqueta de crucial y se utiliza para decidir entre dos paradigmas rivales, los científicos que recurren a él ya están convencidos de la validez del paradigma vencedor. Además, ni siquiera el eventual recurso a valores epistémicos (cfr. capítulo 18), como la simplicidad o la fecundidad, permite definir un procedimiento automático para decretar qué paradigma se debe elegir, ya que la forma de evaluar y sopesar estos valores puede variar. Para Kuhn, esto significa que la elección del nuevo paradigma está mayormente determinada por factores contextuales, de carácter histórico, psicológico y sociológico: por ejemplo, por el hecho de que quienes apoyan el nuevo paradigma son más jóvenes, más carismáticos o más capaces de ejercer presión sobre sus pares, o por el hecho de que el nuevo paradigma refleja mejor los valores e ideologías de la época. En el caso de la transición de un viejo paradigma a otro nuevo, Kuhn habla así de una elección que se efectúa por un acto de «fe», es decir, por la confianza en el poder explicativo del nuevo paradigma, poder que sin embargo, por la fuerza de las cosas, no puede todavía estar perfectamente definido.

Como vemos, la forma en que Kuhn cree que los paradigmas se alternan contrasta fuertemente con la visión tradicional. Por un lado, la ciencia ya no es considerada una empresa meramente acumulativa, ya que el nuevo paradigma suplanta *in toto* al antiguo; por otro lado, la ciencia ya no se contempla como una actividad puramente progresiva, ya que el paso de un paradigma a otro no se produce con arreglo a hechos exclusivamente racionales y, por lo tanto, no es posible argumentar que el nuevo paradigma es absolutamente «mejor» que el antiguo.

Para analizar la relación que existe entre el viejo paradigma y el nuevo es más bien necesario preguntarse si, y hasta qué punto, es posible comparar dos paradigmas alternativos. En este sentido, Kuhn pone sobre la mesa el concepto de «inconmensurabilidad» que, en términos generales, indica la imposibilidad de una comparación mediante estándares comunes de medida.

En un primer momento, Kuhn describe la transición de un paradigma a otro nuevo en términos de una «reorientación gestáltica», es decir, remitiéndose a lo que sucede, por ejemplo, cuando al observar una figura ambigua pasamos de ver un pato a ver un conejo (cfr. capítulo 4). En este sentido, el paso de un paradigma a otro sería un hecho rápido y radical, conducente a una reconceptualización total del mundo: donde Ptolomeo ve subir el sol, Copérnico ve bajar el horizonte terrestre; donde Priestley ve aire desflogistizado, Lavoisier ve oxígeno; donde Aristóteles ve una caída libre obstaculizada, Galileo ve un péndulo. Aunque algunos términos (por ejemplo, «planeta», «masa» o «elemento químico») pueden permanecer inalterados en la transición de un paradigma a otro, para Kuhn adquieren significados diferentes referidos a cosas distintas y desempeñando por tanto un papel diverso dentro del paradigma de referencia (por ejemplo, el término «planeta» primero se refiere al Sol, luego ya no; el término «masa» primero representa una propiedad, luego una relación). Dado que los dos paradigmas, el viejo y el nuevo, son radicalmente diferentes –hasta el punto de que los científicos partidarios de cada uno de ellos ven el mundo de manera diferente o incluso «viven en mundos diferentes», sin siquiera poder comunicarse completamente unos con otros–, Kuhn llega a afirmar que tales paradigmas no son comparables mediante estándares de medida comunes. En este sentido, los dos paradigmas, el viejo y el nuevo, serían «inconmensurables».

Sin embargo, la noción de inconmensurabilidad, entendida como la imposibilidad de realizar cualquier comparación a través de estándares de medida comunes, ha sido objeto de extensas críticas (Davidson, 1974). ¿Cómo es posible argumentar que dos paradigmas no tienen ningún punto en común sin haberlos comparado antes y haber establecido que no son inconmensurables? Y viceversa, si tengo dos paradigmas inconmensurables, que no pueden compararse con estándares de medida comunes, ¿cómo puedo establecer que no tienen ningún punto en común? En otras palabras, no es posible argumentar –como quiere Kuhn– que el viejo y el nuevo paradigma son incompatibles y, al mismo tiempo, inconmensurables: si son incompatibles, debo haberlos comparado para decirlo, y por lo tanto no son inconmensurables; y si son inconmensurables, no puedo establecer si son incompatibles o no, ya que no he podido compararlos.

En una fase posterior, Kuhn reformula la tesis de la inconmensurabilidad, admitiendo la posibilidad de alguna comparación entre paradigmas, aunque siempre una comparación difícil y parcial, que no puede realizarse solo sobre la base de la observación y el razonamiento lógico, sino que debe tener en cuenta también otras dimensiones, como la histórica, la social y la cultural. Por esta razón, la elección entre dos paradigmas alternativos no puede considerarse puramente racional.

20. Feminismos

La filosofía feminista de la ciencia es un área de debate viva y floreciente, que se focaliza tanto en la filosofía de la ciencia general como en la de las disciplinas científicas individuales y que comprende diferentes enfoques y metodologías, hasta el punto de que resulta más adecuado hablar en plural de *filosofías* feministas de la ciencia.

Aunque hablar de filosofías *feministas* de la ciencia parece implicar una oposición a las filosofías *tradicionales* de la ciencia, en realidad no son dos conjuntos de ideas independientes y separados. Algunos temas, problemas y métodos fueron introducidos de cero por las filosofías feministas de la ciencia, pero otros, presentes ya en el pensamiento de autores «clásicos» (Kuhn, 1962; Quine, 1969; Feyerabend, 1975), fueron revisados y renovados desde una perspectiva feminista. Algunas de las reflexiones hechas en el ámbito feminista –como, por ejemplo, la importancia de evaluar las consecuencias éticas, políticas y sociales de determinadas hipótesis y teorías científicas–han sido aceptadas por las filosofías tradicionales de la ciencia, mientras que otras se siguen considerando inaceptables o al menos dudosas.

Inicialmente, la preocupación de las filosofías feministas de la ciencia consistió principalmente en mostrar la fuerte presencia de prejuicios androcéntricos y sexistas en la práctica científica, que influyen negativamente en ella y socavan la objetividad de sus resultados. En ese aspecto no se apartan en absoluto de la filosofía de la ciencia tradicional. Posteriormente, sin embargo, las filosofías feministas de la ciencia comienzan a criticar lo que típicamente se consideran los ideales, métodos y normas de la ciencia, proponiendo nuevas formas de caracterizar el método científico, así como de concebir el papel de los valores y de la noción de objetividad.

Aunque las filosofías feministas de la ciencia comprenden posiciones muy heterogéneas, es posible distinguir tres enfoques principales: el empirismo contextual, la epistemología del punto de vista (*standpoint epistemology*) y el posmodernismo feminista.

De acuerdo con el empirismo contextual, delineado por Longino (1990, 2001), es necesario admitir que la presencia de valores es imposible de eliminar en la empresa científica, entendiendo por valores no solo los epistémicos, como la precisión empírica, sino también los no epistémicos, como los morales, políticos, económicos o religiosos (cfr. capítulo 18). Para empezar, Longino argumenta que entre una determinada observación O y una hipótesis I no existe una única relación evidencial, ya que considerar O como evidencia a favor de I siempre depende de una serie de supuestos de fondo, entre los cuales aparecen también los valores no epistémicos (por ejemplo, valores sexistas o antisexistas). Desde el momento que la presencia de valores es en principio inevitable y no es posible establecer *a priori* si unos valores son mejores que otros, es importante, según Longino, que las comunidades científicas se organicen de forma que promuevan el diálogo crítico entre enfoques y teorías que presupongan el mayor número posible de valores diferentes.

En este sentido, el conocimiento científico sería intrínsecamente social, no individual, ya que se produce, mantiene y transmite solo a nivel de la comunidad de científicos y no de los individuos por separado. Para asegurar la objetividad del conocimiento científico, además de respetar las normas empíricas tradicionales, que se refieren a la adecuación empírica y al razonamiento lógico, es importante que estas comunidades tengan también una estructura adecuada. En primer lugar, debe haber espacios apropiados capaces de garantizar la crítica pública de las pruebas empíricas, de los métodos, de los supuestos y de los razonamientos presentados. En segundo lugar, la crítica debe ser, no solo tolerada, sino examinada seriamente: es decir, los científicos deben participar en el debate, y, con el tiempo, las hipótesis y creencias deben poder cambiar en respuesta a las críticas. Tercero, debe haber estándares públicamente reconocidos para evaluar la evidencia, los métodos, las hipótesis y las teorías; estos estándares podrán luego modificarse como resultado de críticas o propuestas de estándares alternativos. En cuarto lugar, las comunidades epistémicas deben caracterizarse por una «igualdad moderada»: es decir, debe garantizarse la igualdad de la autoridad intelectual para cada uno de sus miembros, pero moderada adecuadamente para garantizar que la crítica desde perspectivas alternativas, como las feministas, siga siendo efectiva.

La objetividad del conocimiento científico, desarrollándose a través de la crítica intersubjetiva, es por tanto el resultado, según Longino, de la naturaleza social de la ciencia. Sin embargo, persiste el problema de si las comunidades científicas actuales pueden realmente cumplir con los estándares de esta autora.

La primera formulación de la epistemología del punto de vista se debe a Nancy Hartsock (1983) quien, retomando algunos elementos del pensamiento de Karl Marx (1818-1883), establece una analogía entre la posición central que ocupa el proletariado en el sistema capitalista y el que ocupan las mujeres en el sistema patriarcal (que también caracteriza a la empresa científica). Dentro de este sistema, dice Hartsock, las mujeres ocupan una posición epistémicamente privilegiada: si, por un lado, tanto mujeres como hombres tienen experiencia directa del patriarcado, por otro, las mujeres, a diferencia de los hombres, no tienen ningún interés en ejercerlo, por cuanto reconocen que es un sistema que las oprime. En otras palabras, la posición de las mujeres sería epistémicamente privilegiada porque, a diferencia de los hombres, tendrían interés en conocer el mundo tal como es, sin las distorsiones que impone el sistema patriarcal. La posición de privilegio epistémico, sin embargo, no se adquiere automáticamente por el hecho de ser mujer dentro de un sistema patriarcal, sino que debe conquistarse a través de la lucha política por la emancipación. Es por tanto una posición que, en principio, también pueden alcanzar otros géneros; en este sentido Hartsock habla de punto de vista *feminista* y no femenino.

La principal crítica que se le ha hecho a esta primera formulación de la teoría del punto de vista consiste en señalar que presupone la existencia de un único punto de vista feminista, dejando de lado el hecho de que existen otras variables relevantes (como la etnia, la clase social, la religión, la orientación sexual, etc.) que se entrecruzan con el género, creando así una multiplicidad de diferentes puntos de vista feministas. Una solución, propuesta por ejemplo por Patricia H. Collins (2000), es admitir la pluralidad de puntos de vista feministas (no solo el de las mujeres, sino el de las mujeres blancas ricas, las mujeres negras madres solteras, las mujeres homosexuales, etc.), identificando luego algunos de ellos como epistémicamente privilegiados. La dificultad, sin embargo, estriba en formular criterios claros para establecer cuál es la fuente del privilegio epistémico para uno o más de estos grupos. Otra posibilidad, explorada por Sandra Harding (1991), es la de abandonar la idea de hacer referencia a la *experiencia* de los grupos subordinados y marginados, afirmando que la investigación científica debe partir directamente de los *hechos* que caracterizan la vida de tales grupos, para asegurarse de que su perspectiva no sea ignorada. Pero si no se hace referencia a la experiencia y al privilegio epistémico de los grupos subordinados y marginados, entonces resulta difícil entender cómo esta propuesta puede seguir concibiéndose como una verdadera epistemología del punto de vista.

Finalmente, el posmodernismo feminista comparte con el tradicional el rechazo de cualquier concepción universalista y objetivista del conocimiento científico: por un lado, enfatiza fuertemente el carácter «situado», parcial y contingente de toda perspectiva cognitiva y, por otro, afirma que lo que pensamos que es la realidad no es más que una construcción relativa a estas perspectivas. Pero más específicamente es la noción de género la que está en el centro del debate.

En efecto, según el posmodernismo feminista, el género se construye socialmente a partir de prácticas discursivas locales y contingentes; por tanto, no es posible afirmar que el género «mujer» pueda caracterizarse por alguna esencia común a todas las mujeres, mientras que sí es posible criticar y revisar las prácticas discursivas que de vez en cuando lo construyen (Butler, 1990). Partiendo de consideraciones similares, el posmodernismo feminista ha acusado así a muchas otras teorías feministas de ser *esencialistas,* es decir, de postular una única esencia de mujer, ignorando todas las diferencias que existen entre las mujeres individuales, construyendo artificialmente una norma con respecto a la cual cualquier diferencia se convertiría en desviación y perpetrando así la exclusión y estigmatización de todas aquellas que se desvían de esta norma.

Independientemente de las diferencias, incluso profundas, entre las diversas filósofas feministas de la ciencia, conviene concluir destacando cómo todas ellas comparten y desarrollan, aunque de manera diferente, la idea de que el conocimiento, incluido el científico, es irremisiblemente *situado*. Como hemos visto, abrazar una tesis similar significa no tanto tener que aceptar el relativismo, sino más bien repensar el concepto de objetividad, que ya no puede concebirse de forma tradicional, en términos de una mirada desde ningún lugar o de una ausencia total de valores no epistémicos.

Bibliografía

ANDERSON, E. (2004), «Uses of Value Judgements in Science: A General Argument, with Lessons from a Case Study of Feminist Research on Divorce», en *Hypatia,* 19, pp. 1-24.

BONIOLO, G., y VIDALI, P. (1999), *Filosofia della scienza,* Mondadori, Milán.

–, (2003), *Introduzione alla filosofia della scienza,* Mondadori, Milán.

BORGHINI, A., y CASETTA, E. (2012), «Quel che resta dei generi naturali», en *Rivista di estetica,* 49, pp. 247-271.

BOYD, R. (1991), «Realism, Anti-Foundationalism and the Enthusiasm for Natural Kinds», en *Philosophical Studies,* 61, pp. 127-148.

BUTLER, J. (1990), *Gender Trouble: Feminism and the Subversion of Identity,* Routledge, Nueva York (trad. cast., *El género en disputa: el feminismo y la subversión de la identidad,* Editorial Paidós Ibérica, Barcelona 2016).

BUZZONI, M. (2014), *Filosofia della scienza,* La Scuola, Brescia.

CARNAP, R. (1928), *Der logische Aufbau der Welt,* Bernary, Berlín (trad. cast., *La construcción lógica del mundo,* IIF, México, 1988).

–, (1950), *Logical Foundations of Probability,* University of Chicago Press, Chicago.

CARROLL, L. (1895), «What the Tortoise Said to Achilles», en *Mind,* 4, 14, pp. 278-280.

CARTWRIGHT, N. (1980), «Do the Laws of Physics State the Facts», en *Pacific Philosophical Quarterly,* 61, pp. 75-84.

–, (1999), *The Dappled World: A Study of the Boundaries of Science,* Cambridge University Press, Cambridge.

CASTELLANI, E., y MORGANTI, M. (2019), *La filosofia della scienza,* Il Mulino, Bolonia.

COLLINS, P. H. (2000), *Black Feminist Thought: Knowledge, Consciousness, and the Politics of Empowerment,* Routledge, Londres.

DAVIDSON, D. (1974), «On the Very Idea of a Conceptual Scheme», en *Proceedings and Addresses of the American Philosophical Association,* 47, pp. 5-20.

DÍEZ, J. A., y MOULINES, C. U. (1997), *Fundamentos de filosofía de la ciencia,* Ariel, Barcelona.

DORATO, M. (2017), *Che cosa c'entra l'anima con gli atomi? Introduzione alla filosofia della scienza,* Laterza, Roma-Bari.

DUHEM, P. (1906), *La théorie physique: Son objet et sa structure,* Marcel Riviera & Cie., París (trad. cast., *La teoría física: su objeto y estructura,* Herder, Barcelona 2003).

DUPRÉ, J. (1993), *The Disorder of Things: Metaphysical Foundations of the Disunity of Science,* Harvard University Press, Cambridge (MA).

FANO, V., (2005), *Comprendere la scienza,* Liguori, Nápoles.

FEYERABEND, P. (1975), *Against Method: Outline of an Anarchistic Theory of Knowledge,* New Left Books, Londres (trad. cast., *Contra el método: esquema de una teoría anarquista del conocimiento,* Ariel, Barcelona, 1989).

FRIEDMAN, M. (1974), «Explanation and Scientific Understanding», en *The Journal of Philosophy,* 71, 1, pp. 5-19.

GALAVOTTI, M. C., y CAMPANER, R. (2017), *Filosofia della scienza,* Egea, Milán.

GEYMONAT, L. (2006), *Lineamenti di filosofia della scienza,* UTET, Milán.

–, (2006), *Historia de la filosofía de la ciencia,* Ed. Crítica, Barcelona.

GILLIES, D., y GIORELLO, G. (2007), *La filosofia della scienza nel xx secolo,* Laterza, Roma-Bari.

GIORELLO, G. (2006), *Introduzione alla filosofia della scienza,* Bompiani, Milán.

GOODMAN, N. (1955), *Fact, Fiction, and Forecast,* Harvard University Press, Cambridge (MA) (trad. cast., *Hecho, ficción y pronóstico,* Ed. Síntesis, Madrid, 2004).

GRIFFITHS, P. (1999), «Squaring the Circle: Natural Kinds with Historical Essences», en R. Wilson (ed.), *Species: New Interdisciplinary Essays,* Cambridge University Press, Cambridge, pp. 209-228.

HACKING, I. (1999), *The Social Construction of What?,* Harvard University Press, Cambridge (MA).

HÁJEK, A. (2019), «Interpretations of Probability», en E. N. Zalta (ed.), *The Stanford Encyclopedia of Philosophy,* https://plato.stanford.edu/archives/fall2019/entries/probability-interpret (último accesso agosto 2021).

HANSON, N. R. (1958), Patterns of Discovery: An Inquiry into the Conceptual Foundations of Science, Cambridge University Press, Cambridge (trad. cast., *Patrones de descubrimiento: observación y predicción,* Alianza Editorial, Madrid, 1985).

HARDING, S. (1991), *Whose Science? Whose Knowledge? Thinking from Women's Lives,* Cornell University Press, Íthaca.

HARTSOCK, N. (1983), «The Feminist Standpoint: Developing the Ground for a Specifically Feminist Historical Materialism», en S. Harding y M. B. Hintikka (eds.), *Discovering Reality,* Kluwer, Dordrecht, pp. 283-310.

HEMPEL, C. G. (1945), «Studies in the Logic of Confirmation», en *Mind,* 54, 213, pp. 1-26; 214, pp. 97-121.

–, (1963), «Explanation in Science and in History», en R. G. Colodny (ed.), *Frontiers of Science and Philosophy,* University of Pittsburgh Press, Pittsburgh, pp. 9-33.

–, (1965), «Aspects of Scientific Explanation», en *id., Aspects of Scientific Explanation, and Other Essays in the Philosophy of Science,* Free Press, Nueva York, pp. 331-496.

–, (2021), *Filosofía de la ciencia natural,* Alianza Editorial, Madrid.

HEMPEL C. G., y OPPENHEIM, P. (1848), «Studies in the Logic of Explanation», en *Philosophy of Science,* 15, pp. 135-137.

HULL, L. W. H. (2011), *Historia y filosofía de la ciencia,* Ed. Crítica.

HUME, D. (1739), *A Treatise on Human Nature* (trad. cast., *Tratado de la naturaleza humana,* Ed. Tecnos, Madrid, 2019).

–, (1748), *An Enquiry Concerning Human Understanding* (trad. cast., Investigación sobre el conocimiento humano, Alianza Editorial, Madrid, 1999).

KITCHER, P. (1989), «Explanatory Unification and the Causal Structure of the World», en P. Kitcher y W. C. Salmon (eds.), *Scientific Explanation,* University of Minnesota Press, Minneapolis, pp. 410-505.

–, (1993), *The Advancement of Science: Science without Legend, Objectivity without Illusions,* Oxford University Press, Oxford.

KUHN, T. S. (1962), *The Structure of Scientific Revolutions,* University of Chicago Press, Chicago (trad. cast., *La estructura de las revoluciones científicas,* Fondo de Cultura Económica, Madrid).

–, (1977), *The Essential Tension,* University of Chicago Press, Chicago (trad. cast., *La tensión esencial,* Fondo de Cultura Económica).

LACEY, H. (1999), *Is Science Value Free? Values and Scientific Understanding,* Routledge, Londres.

LADYMAN, J. (2001), *Understanding Philosophy of Science,* Routledge, Londres.

LAUDAN, L. (1981), *A Confutation of Convergent Realism,* en «Philosophy of Science», 48, pp. 19-48.

–, (1983), «The Demise of the Demarcation Problem», en R. S. Cohan y L. Laudan (eds.), *Physics, Philosophy, and Psychoanalysis,* Reidel, Dordrecht, pp. 111-127.

LAUDAN, L., y LEPLIN, J. (1991), «Empirical Equivalence and Underdetermination», en *The Journal of Philosophy,* 88, pp. 449-472.

LAUDISA, F., y DATTERI, E. (2013), *La natura e i suoi modelli,* Archetipolibri, Padua.

LONGINO, H. E. (1990), *Science as Social Knowledge: Values and Objectivity in Scientific Inquiry,* Princeton University Press, Princeton.

–, (1995), «Gender, Politics, and the Theoretical Virtues», en *Synthese,* 104, pp. 383-397.

–, (2001), *The Fate of Knowledge,* Princeton University Press, Princeton.

–, (2004), «How Values Can Be Good for Science», en P. Machamer y G. Wolters (eds.), *Science, Values, and Objectivity,* University of Pittsburgh Press, Pittsburgh, pp. 127-142.

LOSEE, J. (1972), *A Historical Introduction to the Philosophy of Science,* Oxford University Press, Oxford (trad. cast., *Introducción histórica a la filosofía de la ciencia,* Alianza Editorial, Madrid, 1997).

MACHAMER, P., DARDEN, L., y CRAVER, C. F. (2000), «Thinking about Mechanisms», en «Philosophy of Science», 67, 1, pp. 1-25.

MAXWELL, G. (1962), «The Ontological Status of Theoretical Entities», en H. Feigl y G. Maxwell (eds.), *Minnesota Studies in the Philosophy of Science,* vol. III, University of Minnesota Press, Minneapolis, pp. 1-27.

MAYR, E. (2004), *What Makes Biology Unique? Considerations on the Autonomy of a Scientific Discipline,* Harvard University Press, Cambridge (MA) (trad. cast., *Por qué es única la biología. Consideraciones sobre la autonomía de una disciplina científica,* Katz Barpal Editores, 2006).

MCMULLIN, E. (1983), «Values in Science», en *psa: Proceedings of the Biennial Meeting of the Philosophy of Science Association,* 2, pp. 3-28.

MILL, J. S. (1843), *A System of Logic,* John W. Parker, Londres (trad. cast., *Sistema de lógica inductiva y deductiva,* Biblioteca científico-filosófica, Madrid).

MILLIKAN, R. G. (1999), «Historical Kinds and the "Special Sciences"», en *Philosophical Studies,* 95, pp. 45-65.

MONTON, B. (2013), «Pseudoscience», en S. Psillos, M. Curd (eds.), *The Routledge Companion to Philosophy of Science,* Routledge, Londres, pp. 469-478.

MOSTERÍN, J., y TORRETTI, R. (2010), *Diccionario de lógica y filosofía de la ciencia,* Alianza Editorial, Madrid.

MURPHY, D. (2006), *Psychiatry in the Scientific Image,* Mit Press, Cambridge (MA).

NAGEL, E. (1951), *The Structure of Science,* Hartcourt, Nueva York (trad. cast., *La estructura de la ciencia,* Paidós, Barcelona, 2006).

NEURATH, O. (1931), «Physicalism: The Philosophy of the Vienna Circle», en *The Monist,* 41, pp. 618-623.

OKASHA, S. (2002), *Philosophy of Science: Very Short Introduction,* Oxford University Press, Oxford (trad. esp., *Una brevísima introducción a la filosofía de la ciencia,* Editorial Océano, México, 2007).

OPPENHEIM, P., y PUTNAM, H. (1958), «The Unity of Science as a Working Hypothesis», en H. Feigl *et al.* (eds.), *Minnesota Studies in the Philosophy of Science,* vol. II, Minnesota University Press, Minneapolis, pp. 3-36.

PAPINEAU, D. (1992), «Reliabilism, Induction and Scepticism», en *The Philosophical Quarterly,* 42, 166, pp. 1-20.

PEIRCE, C. S. (1910), «Notes on the Doctrine of Chances», en *id., Essays in the Philosophy of Science,* Liberal Arts Press, Nueva York, 1957, pp. 74-84.

POPPER, K. R. (1957), «The Propensity Interpretation of Probability and the Quantum Theory», en S. Körner (ed.), *Observation and Interpretation,* Butterworths, Londres, pp. 65-70.

–, (1959), *The Logic of Scientific Discovery,* Routledge, Londres (trad. cast., *La lógica de la investigación científica,* Tecnos, Madrid, 1962).

–, (1962), *Conjectures and Refutations: The Growth of Scientific Knowledge,* Basic Books, Nueva York (trad. cast., *Conjeturas y refutaciones: el desarrollo del conocimiento científico,* Ediciones Paidós Ibérica, 1994).

POTOCHNIK, A. (2017), *Idealization and the Aims of Science,* The University of Chicago Press, Chicago.

PUTNAM, H. (1967), «The Nature of Mental States», en *id., Mind, Language, and Reality: Philosophical Papers,* vol. II, Cambridge University Press, Cambridge 1975, pp. 429-440.

–, (1975a), «The Meaning of "Meaning"», en *id., Mind, Language, and Reality: Philosophical Papers,* vol. II Cambridge University Press, Cambridge, pp. 215-270.

–, (1975b), «What Is Mathematical Truth», en *id., Mathematics, Matter and Method: Philosophical Papers,* vol. I Cambridge University Press, Cambridge, pp. 60-78.

QUINE, W. V. O. (1951), «Two Dogmas of Empiricism», en *The Philosophical Review,* 60, pp. 20-43.

–, (1969), *Ontological Relativity, and Other Essays,* Columbia University Press, Nueva York (trad. cast., *Relatividad ontológica y otros ensayos,* Tecnos, Madrid, 1974).

REICHENBACH, H. (1938), *Experience and Prediction: An Analysis of the Foundations and the Structure of Knowledge,* The University of Chicago Press, Chicago.

ROONEY, P. (1992), «On Values in Science: Is the Epistemic/ Non-Epistemic Distinction Useful?», en «psa: Proceedings of the Biennial Meeting of the Philosophy of Science Association», 1, pp. 13-22.

RUSSELL, B. (1912), *The Problems of Philosophy,* Oxford University Press, Oxford (trad. esp., *Los problemas de la filosofía,* Labor, Barcelona, 1991).

SALMON, W. C. (1971), «Statistical Explanation», en *id.* (ed.), *Statistical Explanation and Statistical Relevance,* University of Pittsburgh Press, Pittsburgh, pp. 29-87.

–, (1984), *Scientific Explanation and the Causal Structure of the World,* Princeton University Press, Princeton.

SCHAFFNER, K. F. (2013), «Reduction and Reductionism in Psychiatry», en K. W. M. Fulford *et al.* (eds.), *The Oxford Handbook of Philosophy and Psychiatry,* Oxford University Press, Oxford, pp. 1003-1022.

SCHLICK, M. (1936), «Meaning and Verification», en *Philosophical Review,* 45, 4, pp. 339-369.

SIEGEL, H. (1980), «Justification, Discovery and the Naturalizing of Epistemology», en *Philosophy of Science,* 47, pp. 297-321.

SNOW, C. P. (1959), *The Two Cultures,* Cambridge University Press, Cambridge (trad. cast., Las dos culturas y un segundo enfoque, Alianza Editorial, Madrid, 1977).

STRAWSON, P. F. (1952), *Introduction to Logical Theory,* Methuen, Londres.

SUÁREZ M. (2019), *Filosofía de la ciencia: historia y práctica,* Tecnos, Madrid.

VAN FRAASSEN, B. C. (1980), *The Scientific Image,* Oxford University Press, Oxford (trad. esp., *La imagen científica,* Paidós).

–, (1989), *Laws and Symmetry,* Oxford University Press, Oxford.

WINTHER, R. G. (2021), «The Structure of Scientific Theories», en E. N. Zalta (ed.), *The Stanford Encyclopedia of Philosophy,* https://plato.stanford.edu/archives/spr2021/entries/structure-scientific-theories/ (consultado en agosto 2021).

WITTGENSTEIN, L. (1953), *Philosophical Investigations,* Blackwell, Oxford (trad. esp., *Investigaciones filosóficas,* Crítica, Barcelona, 1988).

WOODWARD, J. (2005), *Making Things Happen: A Theory of Causal Explanation,* Oxford University Press, Oxford.

WORRALL, J. (1989), «Structural Realism: The Best of Both Worlds?», en *Dialectica,* 43, pp. 99-124.